KB122997

잡초학자의
아웃사이더
인생 수업

Original Japanese title :

HAZUREMONO GA SHINKA WO TSUKURU

by Hidehiro Inagaki
Copyright © Hidehiro Inagaki 2020
Illustration © Kozaru Hanafuku

Original Japanese edition published by Chikumashobo Ltd.
Korean translation rights arranged with Chikumashobo Ltd.
through The English Agency (Japan) Ltd. and Danny Hong Agency.

젊은 민들레들을 향한
한 식물학자의 힘찬 응원가

잡초학자의 아웃사이더 인생 수업

이나가키 히데히로 지음 | 정문주 옮김

더숲

" "

누구에게나 자신에게 빛나는 자리가 있다

차례

3교시 구별이란 무엇인가

4교시 다양성이란 무엇인가

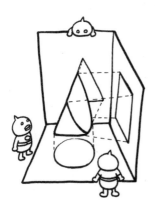

● 머 리 말

개성이 넘치는 시대다. '개성이 있어야 한다' '개성을 살려라' '개성을 갈고닦아라'라는 말은 이제 너무도 흔히 들을 수 있는 익숙한 말이다. 그런데 '개성'이란 도대체 무엇을 말하는가? 개성이란 자기다움이다. 그럼 자신다움이란 무엇인가?

개성의 시대를 살아가는 우리는 종종 자기다움을 찾지 못해 애를 태운다. 때로는 개성이 없다는 이유로, 때로는 개성을 찾지 못해 고민에 빠지곤 한다.

그렇다면 이제 생물의 세계를 통해 개성이 무엇인지 살펴보자. 생물의 세계에서는 '개성'을 '다양성'이라는 말로 바꿀 수 있다. 다양성이란 '여럿 있다'는 의미다. 여러 종류가 있거나 서로 다른 성질이 많이 있을 때 다양성이 있다고 한다. 우리 인간 역시 민족의 다양성이나 문화의 다양성, 지역의 다양성, 가치관의 다양성처럼 다양성이라는 말을 여러 분야에서 사용한다.

생물의 세계는 다양성으로 넘친다. 코끼리와 사자가 있고, 딱정벌레와 매미도 있으며, 낙지와 광어도 있다. 이렇게 생물의 세계에는 다양한 성질을 가진 생물들이 있는데, 이것이 바로 생물의 '종의 다양성'이다.

이러한 여러 생물은 관계를 맺으며 서로 다른 생태계를 구성한다. 가령 코끼리와 사자는 초원에서 생태계를 만드는 반면, 장수풍뎅이와 매미는 숲에서 생태계를 만든다. 문어와 넙치는 바다 생태계를 만든다. 물론 초원, 숲, 바다에서 생태계를 만드는 생물은 이뿐만이 아니다. 이들 외에도 지역에 따라 다양한 생물들이 많은 형태의 생태계를 이루어 나가고 있다. 이것은 '생태계의 다양성'이다.

또 다른 형태의 다양성도 있다. 예를 들어 개라는 하나의 생물종 중에도 몰티즈나 시바견 등과 같이 여러 견종이 있다. 개라는 하나의 생물종 안에 유전자가 다른 그룹이 있는 것이다. 더 나아가 각 그룹에 대해서도 살펴보자. 같은 몰티즈라도 얌전한 개가 있고 말썽꾸러기 개도 있다. 낯을 가리지 않는 개가 있는가 하면 겁이 많은 개도 있다. 같은 견종이어도 그 성격은 천차만별이다. 이렇게 같은 종 안에서도 여러 종류와 성질을 볼 수 있는데 이것이 '유전자의 다양성'이다.

이렇게 생태계와 생물종, 유전자 등 여러 형태로 생물의 다양성이 드러난다. 그야말로 생물의 세계는 개성으로 넘친다.

생물의 진화 과정을 거슬러 올라가면 인간, 동물, 곤충, 식물 등 모든 생물이 하나의 공통 조상에 도달한다고 알려져 있다. 이 공통 조상은 '루카(LUCA)'라 불리는 작은 단세포 생물이다.

단 한 종류만 존재했던 그 작은 미생물은 진화를 통해 다양한 생물로 가지를 뻗어 나갔다. 어떤 것은 식물로 진화했고, 어떤 것은 동물로 진화했다. 또 어떤 것은 물고기로 진화했으며 어떤 것은 곤충으로 진화했다. 그렇게 가지치기를 반복하는 동안 다양한 생물이 갈라져 나왔고 무수히 많은 가지 중 하나가 우리 인간으로 이어졌다.

잡초학자의 아웃사이더 인생 수업

이렇듯 세상은 단 한 종류밖에 없었던 미생물이 출발점이 되어 다양한 생물이 함께하는 세상이 되었고, 그 결과 앞서 말한 다양한 생물종과 다양한 생태계와 다양한 유전자가 생겨났다. 생물의 진화는 그야말로 다양성을 만들어 온 '다양성의 진화'이기도 한 것이다.

이렇게 해서 형성된 다양성에는 도대체 어떤 의미가 있을까? 그리고 우리에게 주어진 개성에는 도대체 어떤 비밀이 숨어 있을까? 이 책은 바로 그 개성에 얽힌 비밀을 파헤친다.

더불어 이 책은 젊은 독자들을 위해 쓴 책이다. 식물의 세계를 통해 개성과 같은 인간의 본성을 들여다보는 과정에서 독자들의 이해를 한층 높이기 위해 나의 전작에서 소개한 사례들을 다시 인용하기도 했다. 전작부터 읽어 주시는 독자께는 송구하나 양해를 구한다.

개성이란
무엇인가

● 잡초 키우기는
어렵다?

잡초를 키워 본 적이 있는가?

'마당에 널린 게 잡초인데 뭐 하러 키우지?'라고 생각할 지도 모르지만, 그렇지 않다. 실제로 씨앗을 뿌리고 물을 줘서 잡초를 키우는 경우가 있다. 잡초는 제멋대로 자라나 는 풀인데 그것을 일부러 키워야 한다는 말이 이상하게 들 릴 수도 있다.

나는 잡초를 연구하는 사람이다. 그래서 연구 재료로 잡 초를 키울 때가 있다. 잡초는 내버려둬도 잘 자랄 테니 키 우기 쉽겠다고 생각하는 사람도 있겠지만, 그것은 큰 오해 다. 잡초 키우기는 생각보다 상당히 어렵다.

잡초를 키우는 것이 어려운 이유는 우리 생각대로 자라

주지 않기 때문이다. 무엇보다 씨앗을 뿌려도 싹이 나지 않는다. 채소나 꽃은 씨앗을 뿌리고 물을 준 뒤 며칠을 기다리다 보면 어느새 싹이 나기 시작한다. 그런데 잡초는 다르다. 씨앗을 뿌리고 물을 준 뒤 아무리 기다려도 싹이 나지 않을 때가 있다.

채소나 꽃의 씨앗은 발아하기 좋은 시기를 사람이 미리 정해 개량한 것이다. 그래서 씨앗을 뿌리면 사람이 의도한 대로 싹이 튼다. 하지만 잡초는 다르다. 싹을 틔울 시기를 자기 스스로 정한다. 사람이 원하는 대로 흘러가지 않는 것이다.

또 채소나 꽃의 씨앗은 일제히 싹이 튼다. 그런데 잡초는 싹이 트더라도 그 시기가 제각각이다. 일찍 싹을 틔우는 잡초가 있는가 하면, 늦게 틔우는 것도 있다. 잊을 만할 때 싹을 틔우기도 하고, 때로는 끝까지 늑장을 부리며 잠만 자기도 한다. 간신히 싹을 틔워도 각자 페이스가 다르다.

이처럼 각기 다른 성격을 인간 세계에서는 '개성'이라고 부른다. 잡초는 그야말로 개성이 넘친다. 개성이 넘친다는 말이 좋게 들릴 수도 있지만, 다른 의미로는 하나하나가 모

잡초학자의 아웃사이더 인생 수업

두 달라서 다루기 어렵다는 뜻이다. 그래서 개성 넘치는 존재인 잡초는 키우기가 어렵다.

그렇다면 잡초는 왜 발아 시기가 다 다를까? 식물이기 때문에 일찍 싹을 틔워야 성장에 유리할 것 같은데, 왜 천천히 싹을 틔우는 느긋한 잡초가 있는 것일까?

● 늦게 나는 싹도
가치가 있을까

일본에는 도꼬마리라는 잡초가 있다. 삐죽삐죽 가시 돋친 열매가 옷에 달라붙기 쉬워 '달라붙는 벌레'라는 별명도 갖고 있다. 내 또래 중에는 어린 시절 그 열매를 서로에게 던지며 놀았던 사람도 있을 것이다.

그런데 도꼬마리 열매를 아는 사람은 많아도 그 열매 속을 들여다본 사람은 적을 것이다. 도꼬마리 열매 속에는 조금 길쭉한 씨앗과 조금 짤막한 씨앗, 두 가지가 들어 있는데 이 두 개의 씨앗은 성격이 매우 다르다. 둘 중 긴 쪽은 성질이 급해 바로 싹을 틔우고, 짧은 쪽은 좀처럼 싹을 틔우지 않는다. 하나의 열매 안에 성격이 다른 두 가지 씨앗이 함께 있는 것이다.

그럼 이 성질 급한 쪽과 느긋한 쪽 중 어느 것이 더 나은 씨앗일까?

그건 나도 모르겠다. 일찌감치 싹을 틔우는 쪽이 나은지 느지막이 싹을 틔우는 쪽이 나은지는 때에 따라 다르다. 싹 틔우기를 서두르는 것이 좋을 수도 있지만, 지체 없이 싹을 틔웠다 하더라도 그 당시 환경이 도꼬마리의 생육에 반드시 적합하다고 할 수는 없다. 급할수록 돌아가라는 말처럼 싹을 천천히 틔워야 좋을 수도 있다. 그래서 영리한 도꼬마리는 성격이 다른 두 가지 씨앗을 함께 준비해 두는 것이다.

잡초 씨앗 중에 어떤 것은 일찍 싹을 틔우고 어떤 것은 그렇지 않은 것도 동일한 이유 때문이다. 발아 시기가 일러야 좋은지 느려야 좋은지를 비교하는 것은 무의미하다. 도꼬마리로서는 둘 다 가능하다는 사실이 중요하다.

잡초학자의 아웃사이더 인생 수업

길이가 다른 씨앗

도꼬마리 열매는 길이와 성격이 다른 두 종류의 씨앗을 품고 있다.
한쪽은 바로 싹을 틔우고, 다른 한쪽은 좀처럼 싹을 틔우지 않는다.
도꼬마리에게는 둘 다 가능하다는 사실이 중요하다.

그러니 잡초가 싹을 일찍 틔우거나 늦게 틔우는 것은 우열의 문제가 아니다. 잡초에게 그것은 저마다 다른 개성인 것이다. 그런데 발아 시기가 다 다르면 여러 가지 나쁜 점이 있을 것 같다. 왠지 일제히 싹을 틔워야 좋을 것 같은 느낌이다. 서로 다른 개성은 정말 필요한 것일까?

● **자연계는**
개성이 풍부하다

각자의 서로 다른 성질을 '유전적 다양성'이라고 한다. 개성이 있다는 말은 유전적 다양성이 있다는 뜻이고, 다양성이 있다는 말은 제각각 다르다는 뜻이다.

그런데 어째서 제각각 달라야 할까?

학교에서는 학생들에게 언제나 답이 딱 떨어지는 문제를 내곤 한다. 모든 문제에는 정답이 있고, 그 외에는 다 오답이다. 반면에 자연계에는 답이 없을 때가 많다. 잡초가 싹을 일찍 틔워야 좋은지 늦게 틔워야 좋은지에 대해서는 정답이 없다. 일찍 틔워야 좋을 때가 있고, 천천히 틔워야 좋을 때도 있으며, 환경에 따라 어느 쪽이 좋은지 달라지기도 한다. 어느 쪽이 좋은지 정할 수 없기 때문에 잡초 입장에서는 '이럴 수도 있고 저럴 수도 있다'는 것이 옳은 답이다.

그래서 잡초는 각자 따로 놀고 싶어 한다. 누가 낫고 누가 못하다는 우열이 없고, 오히려 서로 다르다는 사실이 강점이 된다.

잡초뿐만이 아니라 모든 생물에는 유전적 다양성이 있다. 인간도 예외는 아니다. 인간 세계에도 답이 있는 경우보다 없는 경우가 더 많다. 무엇이 옳고 무엇이 나은지 누구도 알 수 없는 일들로 가득 차 있다. 어느 경우에는 속도가 중요하다면서 빨리 하라고 재촉하는가 하면, 또 다른 경우에는 신중하게 하는 것이 중요하니 천천히 하라고 말한다. 신중하다며 오히려 칭찬을 받기도 하는 것이 세상이다.

어른들은 답을 아는 척한다. 우열을 정하고 전부 이해한 척하며 '좋다' '나쁘다'라는 판단을 내린다. 그러나 그들도 사실은 어느 쪽이 더 나은지 모른다. 아니, 정확히 말해 애초에 어느 쪽이 더 낫다는 개념은 존재하지 않는다.

도꼬마리는 이 사실을 알기에 두 가지 씨앗을 품고 있는 것이다.

● 민들레꽃 색깔에
개성이 없는 이유

그런데 신기한 현상이 있다.

앞에서 언급했듯이 자연계에서는 다양성이 중요한데, 민들레꽃은 대부분 노란색이다. 보라색이나 붉은색 민들레는 본 적이 없다. 민들레꽃 색깔에는 개성이 없는 것이다. 왜 그럴까?

민들레는 주로 꽃등에라는 곤충이 꽃가루받이를 한다. 꽃등에는 노란색 꽃에 쉽게 날아드는 성질이 있다. 그래서 민들레꽃의 색깔은 노란색이 가장 좋다.

하지만 포기의 크기는 조금씩 다르다. 큰 민들레도 있고 작은 민들레도 있다. 잎의 모양도 각양각색이다. 뾰족하고 날카로운 톱니 모양의 잎도 있고 비교적 넓적한 모양도 있다. 어떤 크기가 좋은지는 환경에 따라 다르기 때문에 잎 모양도 어느 쪽이 좋다는 정답은 없다.

결국 민들레의 크기와 잎 모양에는 개성이 있는 것이다. 개성이 있다는 것은 원래부터 있던 당연한 일이 아니다. 생물이 살아남기 위해서 만들어 낸 자신만의 생존 전략인 것이다.

● 개성은 '필요'해서
갖게 되는 생존 전략

이제, 우리 인간의 세계를 살펴보자.

사람의 눈은 몇 개인가? 누구나 눈은 둘이다. 왜냐하면 사람에게는 눈이 두 개인 상태가 가장 좋기 때문이다. 코의 개수나 콧구멍 개수에도 개성은 없다. 결국 사람에게는 눈 두 개, 코 하나, 콧구멍 둘이 가장 좋은 것이다.

동물의 눈이 둘인 것은 당연하다고 생각할 수도 있지만, 모든 동물의 눈의 개수가 동일하지는 않다. 예를 들어 곤충에게는 대부분 두 개의 겹눈 외에 세 개의 외눈이 있다. 즉 눈이 다섯 개 있는 것이다.

까마득한 옛날 고생대 바다에는 눈이 다섯인 생물과 외눈박이 생물도 존재했다. 하지만 현재 사람의 눈은 둘이다.

이는 눈이 둘인 상태가 가장 합리적이며 '눈의 개수에는 개성이 필요 없다'는 것이 진화의 결론이었기 때문이다.

그렇지만 얼굴은 사람마다 다르게 생겼다. 세상에는 똑같은 얼굴이 없다. 눈꼬리가 처진 사람도 있고 치켜 올라간 사람도 있다. 눈이 큰 사람도 있고 작은 사람도 있다. 만약 사람에게 가장 좋은 얼굴 생김새가 있다면 모두가 그 얼굴을 가졌을 것이다. 얼굴 생김새가 각기 다르다는 것은 어떤 생김새가 좋거나 나쁘다고 정할 수 있는 것이 아니라 생김새가 다양하다는 사실에 가치가 있다는 말이다.

성격과 재능도 마찬가지다. 사람은 각자 성격도 다르고 재능도 다르다. 우리의 성격이나 특징에 개성이 있는 이유는 그 개성이 사람에게 필요하기 때문이다. 이처럼 생물은 필요 없는 개성은 가지지 않는다.

자연계의 꽃 색깔을 살펴보자. 흥미로운 사실을 발견할 수 있다. 자연계의 꽃 색깔은 어느 정도 정해져 있다는 점이다. 대체로 민들레는 노란색이고 제비꽃은 보라색이다. 곤충을 끌어들여 꽃가루를 운반하게 하는 야생 식물은 자신의 파트너가 될 곤충을 끌어들이기 위해 최상의 색깔을

잡초학자의 아웃사이더 인생 수업

띠는 것이다.

그런데 꽃집에서 파는 꽃이나 화단의 꽃을 보자. 같은 종류라 하더라도 알록달록 저마다의 다채로운 색깔을 뽐낸다. 이는 사람이 꽃을 즐기기 위해 품종을 개량했기 때문이다. 한 가지 색깔의 꽃만 있는 것보다 다양한 색깔의 꽃이 어우러지면 더 아름답기 때문에 사람들은 여러 색깔의 품종을 만들어 냈다. 우리는 다양성이 얼마나 멋진지를 아는 것이다.

● 감 자 의   비 극

800여만 명의 아일랜드 인구 중 200여만 명이 굶어죽은, 세계사적으로 끔찍한 사건인 19세기 아일랜드 대기근은 매우 잘 알려진 이야기다. 당시 아일랜드에서는 감자가 중요한 식량이었다. 그런데 일이 벌어졌다. 감자 역병이 대유행해 아일랜드 전역에서 멀쩡한 감자가 남아나지 않은 것이다. 먹을 것을 잃고 영국인들의 착취에 견디지 못한 사람들은 조국 아일랜드를 떠나 개척지였던 아메리카 신대륙으로 건너갔다. 그 이민자들은 당시 공업국으로 발전하던 미합중국에 큰 힘이 되었고, 그래서 감자를 '미합중국을 만든 식물'이라고도 부른다.

그런데 어쩌다 온 나라의 감자가 한꺼번에 역병에 걸리는 대참사가 벌어졌을까? 그 원인은 바로 개성의 상실이었다. 감자는 보통 씨감자를 심어서 재배한다. 질 좋은 포기에서 얻은 감자를 씨감자로 심으면 질 좋은 포기를 늘려나갈 수 있다. 그래서 아일랜드에서는 질 좋은 포기만 선별해 늘린 뒤 전국에서 재배했다.

그럼 '질 좋은 감자 포기'란 어떤 포기를 의미했을까?

아일랜드 사람들에게 감자는 중요한 식량이었다. 많은 인구를 먹여 살리려면 감자가 많이 필요했다. 그래서 수확량이 많은 포기를 '질 좋은 포기'로 여겼고, 그것은 최고로 통했다. 질 좋은 포기를 얻기 위해 수확량이 많은 감자 품종을 늘려 전국에서 똑같이 재배한 것이다.

하지만 그렇게 '최고'로 통한 감자 품종에는 중대한 결점이 있었다. 그것은 바로 감자 마름병이라는 역병에 약하다는 점이었다. 그리고 실제로 19세기 중반 무렵, 그 최고의 감자 품종은 감자 마름병에 걸리고 만다. 전국에서 단 하나의 품종만 재배했으니 그 품종이 어떤 역병에 약하면 전국의 감자가 그 역병에 취약하다는 얘기가 된다. 그러니 전국의 감자에 감자 마름병이 대유행했을 때 엄청난 피해를 본 것이다.

감자는 남아메리카 안데스가 원산지인 작물이다. 남아메리카 안데스에서는 역사상 감자가 모조리 사라지는 일은 발생한 적이 없다. 그곳 사람들은 다양한 감자를 재배했다. 그중에는 수확량이 많은 품종이 있는가 하면, 수확량이 다소 떨어져도 역병에 강한 품종도 있었다. 어떤 역병에는 약해도 다른 역병에는 강한 품종도 있었다. 이렇게 안데스에서는 여러 종류의 감자를 같이 재배했다. 그래서 역병이 발생해 말라 죽는 품종이 있을 때도 모든 감자가 말라 죽는 일은 없었다.

그러나 이런 방식으로는 수확량을 늘릴 수가 없었다. 그래서 남아메리카에서 감자를 처음 본 사람들은 수확량이 많은 감자를 골라 유럽에 전했다. 그리고 수확량이 많은 감자 중에서도 수확량이 유독 많은 감자를 골라 최고의 감자를 만들었다. 개성이 있는 여러 감자들이 있었지만, 사람들은 '수확량이 많다'는 단 하나의 기준으로 감자를 고른 것이다. 그리고 그 결과 19세기에 발생한 인류 최대의 재앙으로 기록되는 비극을 맞게 되었다.

아무리 우수해도 자신만의 개성이 없는 집단은 약할 수밖에 없다. 아일랜드 감자 기근은 개성의 중요성을 사람들에게 각인시킨 끔찍한 사건이었다.

● 개성이 전무한
세계의 모습

개성이란 남과 다른 것이다. 생김새도 다르고 생각이나 느낌도 다르다 보니 때로는 자신과 마음이 맞지 않는 부류도 있고 싫은 사람도 있다. 이것은 모두 다양성 때문에 벌어지는 일이다. 그렇다면 다양성이 없으면 모두 사이좋게 지낼 수 있지 않을까?

자신과 다른 부류가 있으면 관계가 귀찮아지니, 온 세상 사람이 나와 같은 부류였으면 좋겠다고 생각한 적이 있는가? 그렇다면 그러한 세상을 한번 상상해 보자. 모두가 같은 생각을 하는 세상에서는 사람들이 서로 사이좋게 지낼 수 있을 것이다. 다른 생각으로 인한 다툼이나 갈등은 물론, 전쟁도 사라질 것이다.

그런데 그것이 과연 좋은 세상일까?

내가 좋아하는 것을 온 세상 사람이 좋아한다고 생각해 보자. 마찬가지로 내가 싫어하는 것을 세상 사람 모두가 싫어한다고도 상상해 보자. 의사, 학교 선생님, 건축가, 프로야구 선수, 파티시에, 자동차 수리공, 농부, 어부, 아이돌 가수, 패션모델, 유튜버, 심지어 대통령까지 모든 직업을 나와 같은 능력과 성질을 가진 사람이 맡게 될 것이다.

그런 세상이 존재할 수 있을까?

손재주가 있는 사람, 계산을 잘하는 사람, 달리기를 잘하는 사람, 요리에 재능 있는 사람, 남을 재미있게 하는 사람 등 세상은 다양한 사람이 섞여 있어야 온전하고 단단한 모습으로 존재할 수 있게 된다.

만약 전 세계 사람이 모두 같은 부류라면 어떤 일이 벌어질까? 어쩌면 인류는 아일랜드 감자처럼 쉽게 멸망할지도 모른다.

개성과
사회성의 공존

개성적이라는 말은 남들과 달리 독특하다는 뜻으로 쓰이곤 한다. 하지만 개성은 특이한 것이 아니다. 기발한 차림새를 가리키는 것도 아니고 규칙이나 상식을 깨는 것도 아니다. 모든 사람은 자신만의 개성을 가지고 태어난다. 그런데 개성적인 사람이 되자고 하면 일반적으로 다른 사람과 다르게 행동해야 하는 것 아닌가 하는 생각을 한다. 색다르다는 것이 개성적인 것은 아니다.

또 개성적이라는 것은 있는 그대로의 가치를 인정하는 말인데 그렇다고 해서 아무 짓이나 해도 된다는 의미는 아니다. 예를 들어 '공부하기 싫은 것도 개성'이라거나 '장난

032
잡초학자의 아웃사이더 인생 수업

치는 것도 개성'이라는 말은 성립되지 않는다. 공부를 하지 않거나 장난을 치는 것은 개성이 아니라 그저 그런 행동일 뿐이다.

있는 그대로 산다는 것은 세상에 태어난 상태 그대로 살아도 된다는 의미가 아니다. 문자도 배워야 하고 구구단도 외워야 하며 다른 사람에게 피해를 줄 수 있는 나쁜 짓은 하지 않아야 하는 등 우리는 개성을 가진 존재인 동시에 공동체의 일원으로서 지켜야 할 사회 규칙과 인간 사회에 필요한 지식을 갖춰야 하는 것이다.

개성은 굳건히 살아 내라고 주어진 능력이다. 개성은 생존하기 위해 갖고 있는 우리의 무기다. 모두 같은 교복을 입고 한 치의 흐트러짐 없이 줄 맞춰 서 있다고 해도 우리가 갖고 있는 각자의 개성은 없어지지 않는다. 오히려 개성은 그 안에서 더욱 빛난다.

● 수십억 명이 사는 세상에
   똑같은 얼굴이 없는 이유

각자가 갖고 있는 개성은 이 지구상에서 오로지 하나다. 똑같은 개성은 존재할 수가 없다.

얼굴을 예로 들어보자. 우리는 서로 얼굴이 다르다. 닮은 사람이 있을 수는 있어도 똑같이 생긴 사람은 없다. 세상에는 수십억 명이 살고 있고 인류는 무려 수만 년 동안 세대를 이어 왔다. 그런데도 어떻게 똑같은 개성이 존재하지 않을 수 있을까? 다양성은 어떻게 생겨났을까?

가장 단순한 구조를 생각해 보자. 우리의 특징은 유전자로 결정된다. 인간은 약 2만 5,000개의 유전자를 가지고 있다고 한다. 이 2만 5,000개의 유전자가 나타내는 차이 때문에 인간은 다양한 특징을 보인다.

유전자는 모여서 염색체를 형성한다. 인간에게는 마흔여섯 개의 염색체가 있다. 염색체는 두 개가 한 쌍을 이루므로 인간에게는 스물세 쌍의 염색체가 있다. 자식은 부모로부터 한 쌍, 즉 두 개의 염색체 중 어느 하나를 물려받는다. 아버지에게서 하나, 어머니에게서 하나의 염색체를 물려받아 스물세 쌍의 염색체를 만드는 것이다.

그렇다면 이 스물세 쌍의 염색체 조합 차이만 가지고 얼마나 많은 다양성을 만들어 낼 수 있을지 생각해 보자.

첫 번째 염색체를 만들 때, 한쪽 부모가 가진 두 개의 염색체 중 어느 쪽을 고를지 선택지는 둘이다. 두 번째 염색체를 만들 때도 선택지는 둘이다. 그러니 첫 번째 염색체와 두 번째 염색체를 조합하면 2×2가 되어 네 가지 다른 조합이 생길 수 있다. 세 번째 염색체의 선택지도 둘이므로 2×2×2 해서 여덟 가지 다른 조합이 생길 수 있다. 같은 방식으로 스물세 번째 염색체에 대해 생각해 보면 2×2×2×……가 23번 반복되어 대략 838만 가지 다른 조합이 나타날 수 있다.

이뿐만이 아니다. 이는 한쪽 부모가 가진 한 쌍의 염색체 중 어느 쪽을 고르는지만을 따졌을 때의 결과다. 그런데 이런 조합은 아버지와 어머니 양쪽에 대해 각각 일어나므로 조합 수는 838만×838만으로 70조 가지가 넘게 된다. 현재 세계 인구는 77억 명인데, 부모가 가진 단 스물세 쌍의 염색체 조합을 바꾸기만 해도 그 만 배나 되는 다양성을 탄생시킬 수 있다.

그뿐 아니라 두 염색체 중 하나를 고르는 과정 중 염색체와 염색체 사이에서 일부가 교환되기도 한다. 이렇게 되면 조합은 무한대로 커진다.

● 개성의 가짓수는
무한대

물론 생물에 개성이 부여되는 시스템이 이렇게 단순하지는 않다. DNA에 대해 많이 들어 봤을 것이다. DNA는 우리 몸을 만들기 위한 정보가 포함된 물체다. 그래서 '신체 설계도'라고 불린다.

DNA는 앞서 소개한 염색체의 본체다. DNA는 눈에 보이지 않을 만큼 가는 실 모양으로, 이 가는 실 모양의 DNA가 꼬이고 접혀서 뭉쳐진 것이 염색체다. 즉, 염색체는 DNA로 만들어져 있다.

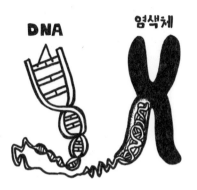

염색체는 가는 실 모양의 DNA가 모여서
이루어진 것이다.

아버지와 어머니의 염색체가 조합될 때 이 DNA는 군데 군데 변화를 일으켜 돌연변이를 형성한다고 알려져 있다. 그리하여 부모나 조상에게는 없는 우리만의 유전자가 만들어지는 것이다.

시간을 거슬러 올라가 생각하면, 우리뿐만 아니라 부모님과 조상도 역시 같은 방식으로 형성된 단 하나의 개성을 가졌다는 말이 된다. 그래서 이 지구에 아무리 많은 사람이 산다 해도, 인류 생명의 유구한 역사 속에서 똑같은 존재는 없었고 앞으로 태어날 가능성 또한 없다.

만약 우리가 사라진다면 지구상에 우리 각자의 개성은 두 번 다시 존재할 수 없게 된다. 그래서 각자가 가진 개성은 의미가 있는 것이다. 설령 누군가가 우리의 개성은 무의미하다는 막말을 했다고 해도 우리가 태어날 확률을 따져 볼 때 각자의 개성은 매우 귀하며 틀림없이 그 의미를 찾을 수 있을 것이다.

● DNA 98%의
역할

눈이 둘, 팔다리가 각각 둘이라는 등 우리 몸의 구성 정보는 모두 신체 설계도인 DNA에 기록되어 있다. 그런데 팔다리처럼 누구나 공통적으로 갖고 있는 기본적 신체 구성에 필요한 DNA는 겨우 2%에 불과하다. 그래서 흔히 인간 DNA의 능력은 극소수밖에 발휘되지 못하며 초인적인 잠재능력이 있을 것이라는 말들을 한다. 또 나머지 98%가 사용되지 않고 있으니 DNA 대부분은 역할이 없는 쓰레기

잡초학자의 아웃사이더 인생 수업

나 다름없다고 말하는 연구자도 있다.

그런데 새로운 사실이 밝혀지고 있다. 사용되지 않는다고 여겼던 방대한 DNA가 인간의 기질 차이나 성격 차이를 낳기 위한 것이라는 사실이다. 즉 DNA의 많은 부분이 개성을 만들어 내는 데 쓰인다는 뜻이다.

눈이 있다는 것도 중요하고 팔다리가 있다는 것도 중요하다. 하지만 DNA의 양을 따져 볼 때 인간은 차이를 만들고 개성을 드러내는 데 엄청나게 많은 DNA를 사용한다. 개성이 인류의 생존에 의외로 중요하다는 말이다.

● 일 란 성 쌍 둥 이 라 도
   태 어 나 는 순 간
   다 른 개 성 을 갖 는 다

이 세상에 동일한 개성을 갖고 있는 사람은 없다고 했다. 그렇다면 일란성 쌍둥이의 경우는 어떨까?

일란성 쌍둥이는 하나의 수정란이 둘로 나뉘어 태어난

아기들을 말한다. 그래서 그들은 모든 DNA가 같다. 즉 같은 유전자를 가진 존재가 이 세상에 둘이라는 말이 된다.

그러나 개성을 만드는 것은 DNA뿐만이 아니다. 생물의 몸은 환경에 따라 변화한다. 예를 들어 동일한 DNA를 가졌어도 먹이를 많이 먹으면 몸이 커진다. 추운 곳에서 살다 보면 추위에 강해진다. DNA에 기록된 설계도는 절대 불변이 아니라 환경에 맞추어 임기응변으로 몸이 변화하도록 기록되어 있다.

환경의 변화에 따라 평소에는 작동하지 않는 DNA가 영향력을 드러내기도 한다. 이처럼 개성은 환경의 영향을 크게 받는다. 그래서 일란성 쌍둥이라고 해도 지문이 다르다. 이는 수정란이 둘로 나뉜 뒤, 어머니 뱃속에서 미묘하게 다른 위치에 있었던 탓이라고 알려져 있다. 이런 이치로 일란성 쌍둥이라도 어머니 배에서 태어나는 순간 이미 다른 개성을 나타낸다. 그 미세한 차이가 서로 다른 개성을 만들어 낸다.

게다가 태어난 뒤에는 완벽하게 똑같은 환경에서 살 수 없기 때문에 일란성 쌍둥이라 하더라도 개성이 다른 존재로 자라나는 것이다.

DNA가 같은 일란성 쌍둥이도 이렇게 다른 모습으로 자라는데, 쌍둥이가 아닌 우리는 어떨까? 같은 유전자를 가진 존재도 없을 뿐만 아니라 같은 개성을 나타내는 사람은 있을 수 없다.

우리는 이 세상에서 유일한 존재다. 설사 드넓은 우주 어딘가에 외계인이 있다고 하더라도 우리 각자는 이 우주에서 유일한 존재다. 태어나면서부터 유일무이한 존재다. 그리고 아무리 궁리하고 고민한들 우리는 자기 자신이 아닌 다른 사람이 될 수 없다. 나일 수밖에 없고 나밖에 될 수 없다.

그렇다면 우주에 하나밖에 없는 나는 어떤 존재일까? 내가 할 수 있는 일은 무엇일까? 자기다움이란 무엇일까? 이것은 매우 어렵고 고민스러운 문제다. 이에 관해서는 5교시에 다시 생각하기로 하자.

2 교시

—

보통이란
무엇인가

● 인간은 '많음'을
  싫어한다

  1교시에 소개한 것처럼 생물들은 서로의 차이, 바꾸어 말하면 여러 부류가 존재하는 것을 중요하게 생각한다. 여러 부류가 존재하는 것, 즉 이 다양성이라는 말이 최근에는 그 어느 때보다 자주 사용되고 강조되곤 한다. 그런데 다양성이 중요하다고 지적한다는 것은 그만큼 다양성이 경시되고 있기 때문이기도 하다.

  이렇듯 다양성이 중요하다고 강조되고 있는데, 실제로 우리는 다양성에 대해 제대로 이해하고 있을까? 다양성이 중요하다고 생각하면서도 사실 인간의 뇌는 '무언가가 많은 상태'를 싫어한다. 그리고 개성이 중요하다고 생각하면서도 제각각인 상태를 거북하게 여긴다. 눈앞에 있는 것들을 가능한 한 고르게 맞추고 싶어 하는 것이다. 그래서 인간 세계는 균일화 쪽으로 흘러가기 쉽다. 이 말은 과연 무슨 의미일까?

● 인 간 뇌 의 한 계

다음 숫자를 외워 보자. 제한 시간은 5초다.

어떤가? 너무 쉬웠을 수 있다. 그럼 다음 숫자를 외워 보자. 이번에도 제한 시간은 5초다.

두 번째 문제도 쉬웠는지 궁금하다. 별 무리가 없었다면 좀 더 난이도를 높여 보자. 다음 숫자는 어떨까? 제한 시간은 똑같이 5초다.

어떤가? 처음 두 문제는 쉽게 외울 수 있었을 것이다. 그런데 세 번째 문제는 외우기가 쉽지 않았을지도 모른다. 세 번째 문제에는 숫자가 몇 개 등장했는가?

정답은 여덟 개다. 겨우 여덟 개였다. 우리 인간에게는 컴퓨터를 만들어 낼 만큼의 대단한 능력이 있다. 그렇게 뛰어난 뇌이니만큼 백이든 만이든 아니, 억이든 상관없이 아주 큰 숫자를 다루거나 이해할 수 있을 것 같다. 그러나 사실 우리의 뇌는 놀랍게도 의외의 모습을 보인다. 양손으로 헤아릴 수 있을 정도의 개수, 겨우 그만큼의 숫자를 파악하는 일조차 버거워한다. 우리 뇌는 본질적으로 '무언가가 많은 상태'를 어려워하는 것이다.

인간이 '많음'을 이해하는 방법

인간의 뇌는 '많음'을 싫어한다. 하지만 '많음'을 받아들이는 좋은 방법이 있다. 이렇게 해 보면 어떨까? 뿔뿔이 흩어져 있던 숫자를 다음과 같이 일렬로 세우는 것이다. 그러면 기억하기가 한층 쉬워진다.

59321437

이번에는 이렇게 해 보자.

작은 숫자 순으로 배열하는 것이다. 이렇게 하면 3이 둘이라는 점, 1에서 9까지의 숫자 중 '6'과 '8'이 없다는 점 등 여러 가지 사실을 알아낼 수 있다. 이런 식으로 나열하거나 순서를 매겨 정리하면 인간의 뇌는 '많음'을 좀 더 쉽게 이해할 수 있게 된다. 이렇듯 인간의 뇌는 일렬로 늘어놓고 순서 매기기를 매우 좋아한다. 마치 학교 성적처럼 말이다.

12334579

인간이 세상을
이해하는 잣대

각양각색의 채소들이 있다. 이 채소들을 한데 쌓아 두면 뭐가 뭔지 파악하기 어렵다. 그러니 이 채소들을 나열해 보기로 하자. 어떻게 나열하면 좋을까?

일단 여러분이 좋아하는 채소 순으로 나열해 보자. 가장 좋아하는 채소와 싫어하는 채소는 바로 골라낼 수 있겠지만, 모든 채소에 순서를 매겨 한 줄로 나열하기는 어려울 것이다.

그럼 색깔로 나열하는 것은 어떨까? 새빨간 토마토를 가장 앞에 놓고 하얀 무를 맨 마지막에 두는 것이다. 하지만 그 밖의 다른 색의 채소는 어떤 순서로 나열해야 할지가 애매하다. 어떻게 하면 순서대로 나열할 수 있을까?

이번에는 길이가 긴 것부터 나열해 보면 어떨까? 그렇다. 이 방법이라면 다른 방법보다 훨씬 쉽게 나열할 수 있을 것이다. 가장 긴 채소는 무엇인가? 배추는 몇 번째로 긴

잡초학자의 아웃사이더 인생 수업

가? 이렇게 하면 여러 가지 사실을 알 수 있어 뇌도 만족할 것이다.

길이대로 나열하기가 쉬운 이유는 길이가 숫자로 나타낼 수 있는 척도이기 때문이다. 좋아하는 채소 순서도 '100명을 대상으로 한 설문 조사'와 같은 방식으로 인기 투표를 하면 결과가 나온다. 투표수는 숫자이기 때문이다. 매력적이라거나 맛있다와 같이 처음부터 비교하기 어려운 요소 또는 비교할 의미가 없는 요소도 설문 조사나 투표를 하면 순서대로 나열할 수 있다.

색상이 그렇다. 비교할 수 없을 것 같지만, 명도와 채도라는 척도로 수치화할 수 있다. 수치화할 수만 있다면 명도 순으로 정렬할 수 있다.

그러나 자연계에는 서열 따위가 없다. 새빨갛고 둥근 토마토와 하얗고 긴 무를 비교하는 것이 무슨 의미가 있겠는가? 그런데 인간의 뇌는 '여러 가지가 많은' 상태를 보면 쉽게 이해하지 못한다. 말하자면 인간의 뇌가 이해하기에 자연계는 너무 복잡하고 다양한 것이다.

그래서 인간의 뇌는 수치화하고 순서를 매겨 나열함으로써 복잡하고 다양한 이 세상을 이해하려고 한다. 점수를 매기고, 등수를 따지고, 우열을 정하는 것이다. 순서를 정하고 우열을 가려 비교해야 인간의 뇌가 안심할 수 있기 때문이다.

이렇게 인간은 비교하고 싶어 한다. 설사 그 비교가 의미가 없다 하더라도 인간은 비교하려고 든다. 이것은 인간의 뇌가 가진 습성이다. 어쩔 수 없는 일이다. 비교해야 인간은 이해되고 받아들여진다. 인간이라는 생물의 뇌에는 이러한 한계가 있다.

그러니 우리 뇌가 반드시 옳다고 할 수는 없다. 자연계에는 서열이나 우열이 없으니까 말이다. 이 점을 잊어서는 안 된다.

● 균 일 화 된 세 상 에 서
잃 어 버 린 가 치

1교시 초반에 잡초는 키우기가 어렵다고 말했다. 그리고 그 이유는 생각대로 자라 주지 않기 때문이라고 했다. 생각대로라는 말은 '인간의 의도대로'라는 의미다. 잡초 입장에서 생각해 보면 인간의 의도대로 자랄 이유가 없다. 생각대로 자라지 않는다고 야단법석을 떠는 쪽은 인간이자 식물학자인 나다.

사실 잡초는 싹을 틔우지 않아도 된다. 각자 멋대로 자란다는 것이 잡초에게 중요한 가치니까 말이다. 그런데 잡초가 제멋대로 자라면 식물학자인 나는 곤란하다. 나는 내 의도대로 잡초를 키우고 싶고, 실험을 위해서는 제각각이 아니라 한꺼번에 싹이 나야 좋기 때문이다.

잡초 입장에서는 인간이 키워 주기를 바라지도, 실험 대상이 되고 싶지도 않을 것이다. 그러니 제각각 싹을 틔워도 문제 될 일이 없다. 문제가 생기는 쪽은 관리하는 사람이다.

인간 세계에는 관리·감독하는 사람이 있다. 학교에는

교사가 있고, 회사에는 사장이 있으며, 나라에는 국가수반 말고도 관리·감독하는 사람이 여럿 있다. 개개인이 다르다는 사실이 매우 가치 있는 일이라는 점에 대해서는 모두가 인정하며 고개를 끄덕인다. 하지만 이렇게 모두가 다르면 관리가 힘들어지기 때문에 인간은 가능하면 서로 다른 것들을 똑같이 맞추려고 한다. 물론 모두가 달라도 좋지만, 너무 무질서하지 않도록 어느 정도의 틀을 마련하는 것이다.

인간이 만들어서 재배해 온 식물과 자연계의 식물을 비교해 보자. 자연계의 식물은 잡초처럼 각각 서로 다른 양태를 보인다. 그래야 자연의 다양한 환경에 적응할 수 있기 때문이다. 자연계의 식물에게는 제각각인 데에 가치가 있는 것이다.

하지만 인간이 재배하는 채소와 작물은 그렇지 않다. 발아 시기가 서로 다르면 큰일이다. 채소의 크기가 제멋대로여서도 안 되고 작물의 수확 시기가 포기마다 달라도 곤란하다. 따라서 채소와 작물은 가능한 한 모든 것이 똑같이 움직이도록 개량되었다.

똑같이 움직이게 하려면 일정한 기준이 필요하다. 예를 들어 씨알이 어느 정도 큰지, 수확량이 얼마나 많은지에 따라 채소와 작물을 평가해 우수한 것을 선택하는 방식이다. 이와 같은 균일화 작업을 거치면서 농작물은 마치 공장에서 찍어 낸 것처럼 일정한 모양과 크기로 생산되고, 공산품처럼 깔끔하게 상자에 담아 출하되며, 상품으로 가게에 예쁘게 진열된다.

서로 다른 것에 가치를 두고 자신만의 모습으로 있으려는 생물을 일제히 똑같은 모습으로 바꾸기는 상당히 어려운 일이다. 그러나 인간은 오랜 노력 끝에 '생물을 똑같은 모습으로 바꾸는' 기술을 발달시켰다. 대단히 고생스러운 일이었을 것이다. 그런데 애써 균일화를 추구하다 보니 어느새 각자가 다양하게 갖고 있던 본래 모습의 가치를 잃은 것 같기도 하다.

• '평균'은 비교하기 위해
  인간이 만들어 낸 아이디어

인간의 뇌는 사물을 가능한 한 단순하게 이해하고 싶어한다고 앞서 이야기했다. 하지만 숫자의 크기순으로 나열하기만 해서는 충분히 이해하기 어렵기 때문에 인간은 할 수만 있다면 두 개 정도를 비교해 어느 쪽이 큰지, 어느 쪽이 작은지를 구분하는 행위 등을 통해 사물과 상황을 이해하려고 한다.

다음 중 가장 큰 채소는?

잡초학자의 아웃사이더 인생 수업

둘 중 어느 채소가 더 큰가?

이 과정에서 인간이 만들어 낸 기준이 '평균'이다. 주어진 여러 개를 정리해 평균을 도출한 다음, 각각을 평균 수치와 비교하면 큰지 작은지, 긴지 짧은지를 판단하고 확인할 수 있으니까 말이다.

가령 눈앞에 감자 두 종류가 있다고 하자.

A라는 품종의 감자 다섯 개 무게를 재어 보니 20g, 80g, 110g, 60g, 280g이었다. B라는 품종의 감자 다섯 개 무게는 50g, 140g, 40g, 120g, 150g이었다.

자, A 품종과 B 품종 중 어느 쪽이 크다고 할 수 있을까?

인간은 서로 다른 숫자를 있는 그대로의 상태에서 비교하고 이해하는 것을 어려워한다. 개성 있는 생물 집단은 균

일하지 않은 저마다 다른 자신의 모습을 갖고 있는데 그 상태에서는 인간이 쉽게 이해할 수가 없다. 그래서 인간이 집단을 쉽게 비교하고 이해하기 위해 만들어 낸 것이 평균값이다.

첫 번째 예에서 A 품종은 평균값이 110g, B 품종은 평균값이 100g이므로 A 품종이 더 크다고 결론지을 수 있다. 하지만 실제 모습은 다르다. A 품종에도 B 품종보다 작은 감자가 있고 B 품종에도 A 품종보다 큰 감자가 있기 때문이다. 평균값은 인간이 관리하기 편하도록 하나의 잣대만 들이대서 더한 다음 나눈 값일 뿐이다.

사실 감자 무게는 제각각이다. 하나하나 제대로 살펴보면 A 품종에는 280g이나 나가는 큰 감자도 있고 20g밖에 안 되는 작은 감자도 있었다. B 품종에는 150g부터 40g까지의 여러 감자가 있었다. 따라서 평균값에 맞춰 A 품종과 B 품종을 비교하고 판단하는 행위는 무의미하다.

● 자 연 계 의
불 균 일 성

자연계는 고루 일정한 모습을 보여 주지는 않지만, 수적으로는 평균적인 것이 가장 많은 것처럼 보인다. 자연계 생물의 특성은 '정규분포'를 나타내는 경우가 많다고 알려져 있는데, 정규분포는 한가운데 있는 평균값에 가까울수록 데이터가 몰려 있고 평균값에서 멀어질수록 데이터 개수가 적어진다.

만약 평균값이 우월하다면 모든 개체가 평균값에 근접할 것이다. 한데 모든 개체가 평균값이 아니고 차이가 난다는 것은 그 차이에 의미가 있다는 뜻이다.

또 실제로는 평균적인 것이 가장 개수가 많다고 할 수도 없다. 예를 들어 잡초의 키를 보면 다른 식물과 경쟁한 끝에 길쭉하게 자라는 종류가 있는가 하면, 다른 식물과 경쟁하지 않고 작달막하게 자라는 전략을 선택하는 종류도 있다. 어중간한 키의 풀이 가장 불리하다. 어설프게 다른 식물과 겨루다가는 질 수 있다. 이 경우, 분포를 그래프로 나

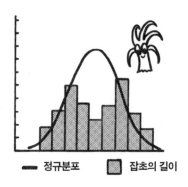

정규분포 ▭ 잡초의 길이

잡초 키의 양봉 분포

타내면 양봉 분포가 나타난다. 평균이 가장 많다고 단언할
수 없다는 것을 보여 준다.

'보통'이라는
이름의 환상

평균에 가까운 존재를 우리는 '보통'이라고 부른다. 그리
고 그 '보통'이라는 말을 즐겨 사용한다. '보통 사람'이라는
표현도 있는데 대체 어떤 사람을 두고 하는 말일까? '보통

이 아니다'라는 말도 하는데 그건 또 무슨 뜻일까? 도대체 '보통'은 무엇을 말하는 것일까?

자연계에 평균은 없다.

'보통 나무'라 하면 높이가 몇 센티미터의 나무를 가리키는 것일까? '보통 잡초'는 어떤 잡초일까? 밟히면서도 자라나는 잡초와 밟히지 않는 잡초 중 어느 쪽이 보통일까? 길가에 난 잡초는 무수히도 발에 밟힌다. 밟히는 잡초는 보통이 아닌 것일까?

결론부터 말하자면 열심히 '차이'를 드러내려고 하는 생물의 세계에서는 보통인 것도, 평균적인 것도 있을 수 없다. 바꿔 말하면 '보통이 아닌 것'도 존재하지 않는다는 뜻이다.

'보통 얼굴'이라고 하면 어떻게 생긴 얼굴을 말하는 것일까? 세상에서 가장 보통인 사람은 어떤 사람인가? 보통 얼굴 같은 건 없다. 보통 사람도 없다. 보통이 아닌 사람도 없다.

보통이라는 건 존재하지 않는다.

아웃사이더가
진화를 만든다

평균값을 중시하다 보면 평균값에서 벗어난 것들이 방해물처럼 보일 수도 있다. 모두 평균값에 가까운데 하나만 평균값에서 뚝 떨어져 있으면 뭔가 이상해 보이고 달리 보인다. 무엇보다 평균에서 멀리 떨어진 값이 존재하다 보면 그 '중요한' 평균값이 어그러질 가능성도 있다.

따라서 실험 등에서는 평균값에서 너무 많이 벗어난 값은 제거해도 좋다고 본다. 평균의 범주를 벗어난 이상치를 제거하면 평균값은 이론적으로 더 정확해지고, 값이 낮은 이상치를 제거하기 때문에 평균값은 오른다.

이런 식으로 자연계에는 존재하지 않는 평균값이라는 이름의 허망한 존재 때문에 일정 범주를 벗어난 것들, 즉 아웃사이더들은 제거될 때가 있다.

그러나 실제 자연계에는 평균값도, 보통도 없다. 여러 가지 것들이 존재한다는 '다양성'이 있을 뿐이다. 생물은 제각각의 모습으로 존재하려 하기 때문에 일정 범주를 빗나

간 것으로 보이는, 즉 평균값과 동떨어진 개체를 일부러 끊임없이 만들어 내는 것이다.

그 이유는 무엇일까?

자연계에는 정답이 없기 때문이다. 그래서 생물은 그저 수많은 해답을 계속 만들어 낸다. 이것이 바로 다양성을 지속해서 낳는 행위다.

조건에 따라서는 인간의 눈에 아웃사이더로 보이는 것이 뛰어난 능력을 발휘할 수도 있다. 오래전 자연계가 한 번도 경험하지 못한 커다란 환경 변화에 직면했을 때, 그 환경에 적응한 생물은 평균값과 동떨어진 모습을 보이던 아웃사이더였다. 그리고 오래지 않아 아웃사이더라 불리던 개체는 표준이 되고, 그 아웃사이더가 만든 집단 안에서 다시 아웃사이더 취급을 받던 것들이 새로운 환경에 적응해 나갔다. 그 과정 속에서 지나간 시대의 평균과는 전혀 다른 존재가 자리 잡게 되었다.

생물의 진화는 이런 식으로 이루어졌다. 진화는 긴 역사 속에서 일어나기 때문에 유감스럽게도 우리는 진화의 과정을 관찰할 수가 없다.

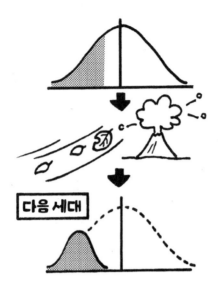

아웃사이더가 진화를 만든다는 의미는?

그러나 아웃사이더가 진화를 만든다는 사실을 확신시켜
주는 사례는 쉽게 찾아볼 수 있다.

회색가지나방은 진화의 현장을 생생하게 보여 준 생물
이다. 회색가지나방은 후추나방으로도 불리는데, 그 이유
는 날개에 있는 후추를 뿌려 놓은 듯한 무늬 때문이다. 그런
데 언젠가부터 숯검댕으로 뒤덮인 것 같은 검은 형태가 발

견되기 시작했다. 이 검은 아웃사이더는 처음에는 드물게 발견되었지만, 점차 시간이 흐르면서 산업혁명이 활발하게 진행되는 지역의 경우는 그 빈도가 급격히 증가하는 것을 확인했다. 그리고 어느덧 밝은 형태의 회색가지나방보다 흔해지기 시작했다. 도시에 공장이 들어서고 공장 굴뚝이 뿜어내는 그을음으로 나무줄기가 새까맣게 변하자 눈에 띄지 않는 검은 나방들만 새에 잡아먹히지 않고 살아남은 것이다. 그 뒤로는 검은 나방 무리가 점차 늘어났다.

또 한 사례가 있다. 뉴질랜드에 서식하는 키위는 날지 못하는 새다. 새가 날지 못한다는 것이 이상하게 들리겠지만, 사실 키위의 조상은 날 수 있었다는 것이 정설이다.

그런데 시간이 지나면서 날지 못하는 개체가 태어났다. 새인데 날지 못하니 그야말로 아웃사이더였지만, 뉴질랜드에는 키위를 습격할 만한 맹수가 없었기 때문에 날아서 도망칠 일이 없었다. 날기를 싫어하는 새는 날아오를 일이 적어서 에너지를 적게 썼을 것이다. 그만큼 먹이를 적게 먹어도 살 수 있었고 절약한 에너지로 알을 많이 낳을 수 있었을 것이다. 오늘날 사람들은 날기를 싫어하는 아웃사이더가 날기 싫어하는 자손을 많이 낳아 날지 못하는 새로 진화했을 것으로 추측한다.

브라키오사우루스는 몸길이가 25m를 넘는 거대 공룡이었다. 그런데 브라키오사우루스과에 속하는 에우로파사우루스는 크기가 말 정도밖에 되지 않았다. 브라키오사우루스과 치고는 체격이 아주 작았다고 할 수 있다.

에우로파사우루스의 조상은 거대 공룡이었다고 한다. 그런데 에우로파사우루스는 먹을 것이 적은 섬에서 진화했다. 그때 체격이 작은 개체가 살아남아 결국은 소형 공룡으

생존을 위해 작게 진화한 공룡 에우로파사우루스

잡초학자의 아웃사이더 인생 수업

로 진화한 것이다.

새로운 진화를 이루는 것은 늘 정규분포의 가장자리를 차지하는 아웃사이더였다.

● 다르다는 데
의미가 있다

인간이 만들어 낸 것들은 양태가 고르다. 연필 한 다스의 개수가 제각각이면 곤란하지 않을까? 1m 자의 눈금도 그 크기가 들쑥날쑥해서는 안 된다. 제각각인 자연계 안에서 인간은 기적적으로 균일한 세상을 만들어 왔다.

그에 반해 자연계에서는 다르다는 데 의미가 있다. 여러분과 나는 다르다. 그런데 차이가 있을지언정 우열은 없다. 가령 발걸음 속도를 예로 들어보자. 발이 빠른 사람도 있고 느린 사람도 있다. 학교 운동회 때 발이 빠른 아이는 일등을 할 테고 느린 아이는 꼴찌를 할 것이다. 그런데 이는 달리기 결과일 뿐, 다른 의미는 없다.

이렇듯 자연계에는 우열이 없다. 그저 차이가 있을 뿐이다. 생물로서는 그 차이가 정말 중요하다. 발이 빠른 아이와 느린 아이가 있다는 차이. 차이가 존재한다는 사실이야말로 생물 입장에서 뛰어난 장점인 것이다.

그런데 단순함을 좋아하는 뇌를 가졌고 차이 없는 균일한 세계를 만들어 온 인간은 생물이 각자 다르다는 사실을 가끔 잊어버린다. 그래서 균일하고 일정한 상태를 벗어나면 용납이 안 되고 받아들일 수 없는 것이다.

● **자 로 잴 수 있 는 것 과**
  잴 수 없 는 것

우리는 인간 사회에 살기 때문에 인간이 만들어 낸 잣대를 무시할 수 없다. 인간이 만들어 낸 잣대에 따르는 것 역시 중요하다.

모든 사람이 교육을 받는 현대 사회에서는 시험을 잘 봐서 경쟁률이 높은 우수한 학교에 진학할 수 있는 사람을 좋

잡초학자의 아웃사이더 인생 수업

게 평가하기 마련이다. 스포츠에 매진하는 사람도 많다. 그들 가운데 일류로 불리며 좋은 기록을 내고 훌륭한 경기를 보여 주는 사람도 좋은 평가를 받을 자격이 있다. 모두가 부자가 되고 싶어 하는 가운데, 일해서 큰돈을 버는 사람들도 높이 평가받아 마땅하다.

하지만 그런 것들로 인간의 우열이 가려지지는 않는다. 인간이 만들어 낸 잣대도 중요하지만, 그 잣대 외에도 많은 가치가 있다는 사실을 잊지 말아야 한다. 자로 재는 데 익숙한 어른들은 여러분에게 이런 말을 할 것이다.

"왜 남들처럼 못 하니?"

관리하는 입장에서는 모두의 상태가 고르면 편하다. 제각각이면 관리가 안 되기 때문이다. 그래서 어른들은 아이들의 들쑥날쑥함이 없어지고 고르게 되기를 바란다. 그러나 서로 간의 차이야말로 우리가 잊지 말아야 할 소중한 가치다. 어쩌면 여러분이 성장해서 사회에 나올 때쯤이면 어른들이 이렇게 말할 수도 있다.

"왜 남들과 똑같은 짓만 하니?"

"남들과 다른 발상을 하란 말이야."

—

구별이란
무엇인가

● 자 연 계 에 는
구 별 이   없 다

　2교시에는 인간의 뇌가 자연계를 이해하기 위해 정리하고 비교하려 든다고 이야기했다. 비교하기 위해 평균값이나 '보통'이라는 편리한 잣대를 발명한 것이라고 설명했다. 본래 자연계에는 평균값이나 보통이라는 것이 없다.

　자연계에는 없는데 인간이 자신의 이해를 돕기 위해 발명한 것은 또 있다.

　그것은 바로 '경계'다.

　한 예로, 우리가 거주하는 지역에는 경계선이라는 것이 있다. 지도에도 표시되어 있고 지역 도로를 통과할 때는 경계 표식도 볼 수 있다. 그러나 땅은 연결되어 있기 때문에 내가 사는 지역과 인근 지역 사이에 진짜 경계가 존재하는 것은 아니다. 그런데도 우리는 불편을 줄이기 위해 지역을 경계선으로 구분하여 이쪽 지역과 저쪽 지역으로 구별하는 것이다.

● 산의 경계는
어디서부터 어디까지인가

후지산이 어디에 있느냐고 물으면 사람들은 어떻게 반응할까? 일본을 대표하는 산이니만큼 일본인이라면 대부분 그 위치를 대략 떠올릴 것이다. 하지만 후지산의 기슭은 딱히 어디서부터 어디까지라고 잘라 말하기 어려우리만큼 넓게 퍼져 있다. 지도를 봐도 '여기서부터가 후지산이다'라고 주장할 만한 경계선 따위가 없다.

그렇다면 후지산은 어디부터 어디까지일까?

아무리 살펴봐도 명확한 경계선은 없

다. 이 말은 후지산이 끝없이 이어진다는 의미이기도 하다. 도쿄와 오사카도 후지산 자락이 이어지는 땅 위에 있다. 어쩌면 두 도시가 위치한 곳은 후지산의 일부라고도 할 수 있다. 어디 그뿐인가? 후지산의 밑자락은 해저로도 이어진다. 지형만 보면 후지산은 북쪽 섬 홋카이도, 남쪽 섬 오키나와와 연결되어 있다고도 할 수 있고, 태평양을 넘어 아메리카 대륙과 이어진다고도 할 수 있다. 후지산은 누가 봐도 후지산이다. 그런데 어디부터 어디까지가 후지산인지는 아무도 모른다.

또 다른 예를 들어보자. 우리는 낮에는 깨어 있고 밤에는 잠을 잔다. 그럼 언제까지가 낮이고 언제부터가 밤이라고 말할 수 있을까?

낮과 밤은 분명히 다르지만, 어느 한순간에 낮이 밤으로 변하는 것은 아니다. 지구는 일정한 속도로 회전하기에 시간은 일정한 속도로 흘러간다. 낮과 밤 사이에는 저녁과 아침이라는 시간대가 있어서 저녁에는 점점 날이 어두워져 동쪽 하늘부터 서서히 밤이 찾아온다. 낮과 저녁과 밤 사이에는 경계선이 없다.

하지만 그렇게만 받아들이면 인간이 살아가기에 불편하기 때문에 태양이 지는 순간을 일몰이라 해서 낮과 밤을 구별한다. 그리고 일기 예보에서는 15시경부터 18시경까지를 저녁, 18시경부터 다음 날 오전 6시경까지를 밤으로 구분한다.

좀 더 분명히 말하자면 원래 낮과 밤 사이에 경계가 없지만, 없는 채로 받아들이기에는 불편하므로 인간은 경계를 만들어 구별하는 행위를 하는 것이다.

● 돌고래와 고래 사이에는 경계가 없다?

고래를 모르는 사람은 없을 것이다. 돌고래는 어떤가? 고래와 돌고래는 둘 다 바다에 사는 포유류 동물이다. 그럼 고래와 돌고래는 어떤 점이 다를까?

고래는 크고 돌고래는 작다? 그 정도로 단순하지 않다고 말하고 싶지만, 사실 그것이 정답이다. 학술적으로 분류하

돌고래와 고래

면 크기가 3m보다 작은 종류를 돌고래, 3m보다 큰 종류를 고래라고 부른다.

단순히 크기 차이인 것이다. 고작 그것뿐이냐고 반문할지도 모르겠다. 그런데 정말 고래와 돌고래 간에는 큰 차이가 없다. 그런데도 굳이 고래와 돌고래를 구별하려고 한다면 크기로밖에 나눌 수 없다. 인간이 만드는 분류란 그런 것이다.

수족관의 거두돌고래라 불리는 종은 사실 도감의 정식 명칭이 거두고래다. 거두돌고래가 고래라는 말일까?

거두고래는 크기로 보아 고래로 분류된다. 하지만 생물 분류상 거두고래는 참돌고래과라고 해서 돌고래라는 이름이 붙는다. 돌고래라 부르지만, 고래로 분류되는 것이다.

돌고래와 고래가 다르다는 사실은 어린아이도 안다. 그러나 전문가의 관점으로 경계를 자세히 살펴보면 도리어 구별이 어려운 문제가 되고 만다.

사실 돌고래와 고래 사이에는 경계가 없다. 그저 인간이 '돌고래다' '고래다' 하고 억지로 경계를 지어 나눠 부르는 것뿐이다.

● 인간과 원숭이의
경계선

인간의 조상은 원숭이 계통이었다고 알려져 있다. 그럼 원숭이 계통에서 어떤 경로를 거쳐 진화했을까?

어느 날 아침 눈을 뜨자마자 원숭이에서 인간으로 바뀌지는 않았을 것이다. 어미 원숭이가 갑자기 인간의 아이를 낳은 것일까? 그런 것도 아니다. 헤아릴 수 없는 오랜 시간 동안 세대 교체를 거쳐 원숭이는 조금씩 변화해 사람이 되었다. 그 과정에는 명확한 경계선이 없다.

강에는 상류와 중류, 하류가 있다. 강의 어디부터 어디까지가 상류이고, 어디부터가 하류인가? 강물에는 상류, 중류, 하류를 구분하는 경계가 없다. 상류와 하류의 경계가 없듯 원숭이와 인간의 진화에도 명확한 경계선은 없다.

침팬지는 인간과의 공통 조상으로부터 탄생했다고 한다. 인간과 조상인 원숭이 사이에는 경계가 없다. 침팬지와 조상 원숭이 사이에도 경계가 없다. 이 말은 인간과 침팬지 사이에도 경계가 없다는 뜻이다.

하지만 인간은 침팬지와는 확연히 다르다. 인간과 침팬지의 경계가 따로 없다는 말은 사실일까?

● 생물은
  분류할 수 있다? 없다?

자연계에는 다양한 생물이 있다. 그들을 구별하는 학문이 바로 분류학이다.

가령 개와 고양이가 다르다는 것은 어린아이도 알 수 있다. 여우는 개를 닮았다. 그래서 여우는 개 계통인 갯과로 분류한다. 또 호랑이와 사자는 고양이를 닮았다. 그래서 그 둘은 고양이 계통인 고양이과로 분류한다. 이렇게 분류해서 정리하는 것이다.

개와 고양이, 여우와 사자 같은 생물 분류상의 기본 단위를 '종'이라 한다. 개와 고양이는 종이 다른 것이다.

'종'이라는 그룹은 '공통되는 형태적 특징을 가지면서 그 외의 종과는 명확하게 구별되는 다른 특징을 나타낸다'라고 정의된다. 이 개념에 따르면 개들은 공통의 특징이 있고 고양이와는 외형이 다르다.

생물의 종은 생식으로 구별할 수 있다. 다시 말해 개는 개의 새끼를 낳는다. 개가 고양이를 낳는 일은 없다. 개는 개끼리 자손을 형성하고 고양이는 고양이끼리 자손을 형성한다. 이것이 바로 개라는 종과 고양이라는 종을 나누는 방식이다.

그럼 식물은 어떨까?

민들레와 튤립을 예로 들어보자. 이 둘은 서로 다르다.

잡초학자의 아웃사이더 인생 수업

그런데 민들레 중에는 오래전부터 원래 서식하던 토종 민들레와 외국에서 들어온 외래종 민들레가 있다. 좀 더 자세히 들여다보면 토종 민들레도 여러 다양한 종류로 나눌 수 있다. 그럼 그들의 차이는 무엇일까?

이에 대한 견해는 연구자에 따라 다르다.

종의 분류는 생식적으로 자손을 남길 수 있느냐로 구별한다고 개와 고양이의 예를 들어 설명했다. 그런데 식물의 경우는 동물처럼 분명하지가 않다. 토종과 외래종은 확실히 다른 종으로 여겨지지만, 이 둘은 교잡하여 잡종을 만들기도 한다. 그뿐 아니라 이 잡종이 다시 또 다른 토종 또는 외래종과 교잡하여 번식한다. 그렇다면 이 경우 토종과 외래종은 같은 종일까, 다른 종일까?

개와 고양이처럼 잡종을 만들지 않는 것이 '종'이라고 정의했는데, 식물에서는 서로 다른 종이 교잡한 '종간 잡종'이라는 표현이 흔히 쓰인다. 다시 말하면 분류라는 것은 어차피 그 정도의 작업이라는 뜻이다. 생물을 분류하는 기본적인 단위인 '종'마저도 경계가 모호한 것이다.

전문가들이 지금까지도 치열하게 다투는 종 개념의 논

란에 대해 진화학자 찰스 다윈(Charles Darwin)은 이런 말을 남겼다.

"처음부터 나눌 수 없는 것을 나누려 하니까 안 되는 것이다."

● 민들레와
나비와 나

인간과 침팬지가 같은 조상에서 진화했듯이 포유류와 조류, 파충류, 양서류는 등뼈를 가진 같은 척추동물의 조상에서 갈라져 나와 진화했다. 더 거슬러 올라가면 다양한 생물들이 같은 조상으로부터 진화했다고 생각할 수 있다.

강의 원류를 찾아 올라가듯 진화의 과정을 거슬러 올라가다 보면 하류와 중류 사이에도, 중류와 상류의 사이에도 아무 경계가 없으며, 종국에는 생물 공통의 최초 조상인 작은 단세포 생물에 도달하게 된다. 즉 조상이었던 단세포 생물과 우리 인간 사이에도 아무런 경계가 없다는 말이다. 이

자연계에는 경계가 없다

공통의 조상인 작은 단세포 생물을 '루카'라고 부르는데, 이 루카에서 모든 생물이 진화했다고 알려져 있다.

인간과 조상 종인 원숭이 사이에 경계가 없고 공통의 조상에서 갈라져 나온 인간과 침팬지 사이에도 경계는 없다. 이렇게 생각하면 루카에서 진화한 인간이나 개, 고양이, 민들레까지도 명확한 구별이 없다는 말이 된다. 자연계에 존재하는 모든 생물에 사실 명확한 경계는 없다는 것이다.

그러나 인간과 민들레 사이에도 경계가 없다는 말이 쉽게 이해되는가? 생각할수록 뭔가 개운치 않고 쉽게 받아들

3교시 _ 구별이란 무엇인가

여지지 않는다.

이리저리 어질러진 방이 뒤숭숭한 느낌을 주는 것처럼 경계가 없는 자연계는 인간의 뇌를 매우 불안하게 만든다. 그래서 인간은 경계를 만들어 '우리는 인간이고 얘네는 원숭이, 쟤네는 민들레다'라고 구별 지어 이름을 붙인다. 그렇게 구별하고 이름을 붙임으로써 인간의 뇌는 비로소 안심할 수 있게 되고 복잡한 자연계를 한결 더 쉽게 이해할 수 있게 된다.

● 우 리 의 뇌 는
　비 교 하 려 든 다

물론 경계선을 긋고 구별하는 행위가 나쁜 것만은 아니다. 경계가 없는 자연계에 규칙을 만들어 선을 긋고 구별하여 정리할 수 있다는 것은 아주 뛰어난 능력이다. 그렇게 해서 인간은 문명을 발달시키고 과학을 발달시켜 왔다.

하지만 실제 있지도 않은 경계선을 긋고 만족감을 느끼

는 데 그치지 않고 구분한 것들을 비교하기 시작했다는 점은 좋게 평가할 수 없다. 게다가 인간은 여기에 그치지 않고 만물의 우열을 가리고 등수를 매기고 싶어 했다.

비교를 통해 알아낼 수 있는 것도 많지만, 비교로 인해 진짜 모습이 가려질 때도 있다. 예를 들어 조랑말은 말 중에서 작고 귀여운 종류다. 누구나 조랑말은 작다고 생각한다. 하지만 개에 비하면 조랑말은 매우 큰 동물이다. 성인의 눈으로 보면 조랑말이 귀여운 동물이지만, 어린아이가

조랑말의 진짜 크기는?

보기에 조랑말은 올려다봐야 하는 무서운 동물이다. 그렇다면 조랑말은 큰 동물일까, 작은 동물일까? 조랑말은 크지도 작지도 않다. 조랑말은 그냥 조랑말일 뿐이다. 그러나 비교 과정을 거치면 크다거나 작다라는 말을 할 수 있다.

시험에서 80점을 받으면 기분이 좋다. 그런데 친구들도 함께 80점을 받았다고 좋아하는 모습을 보면 왠지 좋아할 일이 아닌 것 같은 생각이 든다. 또 다른 친구가 100점을 받았다고 하면 오히려 자신도 모르게 우울해지기까지 한다.

분명 80점이라는 가치는 친구들의 점수와 무관하며 변하지 않는 것이다. 그런데 인간의 뇌는 남과 비교한 뒤 80점의 가치를 제멋대로 바꾸어 버린다.

복권에서 100만 원에 당첨되면 기분이 들뜨는 것은 인지상정이다. 그런데 같은 가게에서 산 다른 사람이 1억 원에 당첨되었다고 하면 자신이 뭔가 크게 손해를 본 듯한 기분이 든다. 100만 원이라는 큰 돈을 자신은 공짜로 얻었는데도 말이다.

부처님의 가르침인 불교에서는 기본적으로 '비교하지 말라'고 가르친다. 부처님이 살았던 오랜 옛날부터 비교하

지 말라고 설파했다는 사실은 비교하지 않는다는 것이 그
만큼 어렵다는 것을 의미한다.

● 구별과 차별에
   대하여

인간의 뇌가 구별을 넘어 비교하고 싶어 하고 우열을 가
리고 싶어 하는 것, 그것은 '구별'이 아니라 '차별'을 하는
것이다.

먼저 자신과 상대방을 비교한다. 비교할 때는 자신을 기
준으로 삼고 자신이 보통이라고 생각한다. 사실 앞서 설명
했던 것처럼 자연계에 '보통'은 존재하지 않는데도 말이다.
그리고 나서 '보통'과 '보통이 아님'을 구분한다. 또 자신과
다른 것을 비난하거나 차별하기도 한다.

자연계에는 경계가 없다. '보통'도 없다. 피부색이 다르
다 한들 어떻게 피부색을 기준으로 인간의 차이를 말할 수
있단 말인가? 장애인과 비장애인을 구별하는 사람도 있다.

하지만 신체 구석구석이 모두 정상인 사람은 애초에 있을 수 없고 신체 모든 부분에 장애가 있는 사람도 존재하지 않는다.

어른과 아이 사이에도 경계는 없다. 초등학생과 중학생 또한 본질적인 경계는 없다. 키는 매일 조금씩 큰다. 사람 몸은 어느 날 갑자기 중학생 몸으로 성장하는 것이 아니다.

● 무 지 개 는
몇 가 지 색 일 까

무지개는 빨·주·노·초·파·남·보 일곱 가지 색으로 알려져 있다. 하지만 미국과 영국 사람들은 무지개를 여섯 가지 색이라고 말하고, 독일과 프랑스 사람들은 다섯 가지 색이라 한다. 어쨌거나 무지개의 가장 바깥쪽은 빨간색이고 가장 안쪽은 보라색이다.

빨간색과 보라색은 확연히 다르다. 하지만 어디까지가 빨간색이고 어디부터가 보라색인지는 알 수가 없다. 무지

개는 빨간색에서 시작해서 점점 보라색으로 변한다. 그런데 그대로는 이해하기 어렵기 때문에 인간의 뇌는 중간에 선을 그어 일곱 가지 또는 여섯 가지 색깔로 받아들이는 것이다. 사실은 경계 따위는 없이 여러 색이 이어져 있는 것이다. 이처럼 자연계도 여럿이 경계 없이 이어져 있다. 그리고 자연계는 그 많은 '차이'를 소중히 여긴다.

● 꽃은 다채로울 때 더 아름답다

인간의 뇌는 복잡한 것을 단순화하고 다양한 것에 경계를 그어 구별하는 능력을 발달시켜 왔지만, 인간도 다양한 생물 중 하나다. 인간의 뇌는 '많음'을 이해하기 어려워하지만, '많음'을 싫어하지는 않는다. 꽃병에 꽂힌 한 송이 꽃도 예쁘지만, 사람 마음은 야산에 형형색색 핀 꽃밭 광경에 더 크게 움직이기도 한다. 머리로는 이해하기 어렵지만, 그 많음을 아름답다고 느끼는 것이다. 인간도 사실은 많은 것이 좋은 것임을 아는 것이다.

꽃집에 가면 갖가지 색의 꽃들이 진열되어 있다.

1교시에서 설명했듯이 자연계의 꽃 색깔은 어느 정도 정해져 있다. 그렇지만 인간은 색깔이 다채로울 때 아름답다고 느낀다. 그래서 인간은 다양한 색깔의 꽃을 만들어 냈다. 자연적으로 핀 민들레는 대체로 노란색을 띠지만, 민들레와 같은 국화과 원예종인 다륜국은 노란색뿐 아니라 흰색과 보라색, 분홍색, 빨간색 등 여러가지 색이 있다.

또 같은 제비꽃과 꽃인 팬지와 비올라도 보라색뿐 아니라 흰색과 노란색, 오렌지색, 빨간색 등 다양한 종류가 있다. 이는 인간이 다양한 색의 꽃 품종을 만들어 냈기 때문이다.

많아야 멋지고 아름답다. 그것만으로도 좋은 것이다.

피었네 피었네
튤립꽃이
나란히 나란히
빨강 흰색 노란색

어느 꽃을 보아도 아름답구나

어느 동요의 가사다. 빨간색, 흰색, 노란색 튤립 중 어느 하나만 예쁜 것이 아니다. 모든 꽃이 다 예쁘다. 그리고 여러 색깔의 꽃이 줄지어 핀 모습이 더 예쁜 것이다.

4교시

—

다양성이란
무엇인가

● 유전적 다양성과
종의 다양성

다양성이 있다는 것은 종류가 많다는 의미다. 같은 종류의 잡초인데도 싹을 틔우는 시기가 제각각이다.

인간이라는 같은 생물종을 봐도 각 개체는 얼굴 모양이 다르고 성격도 저마다 다른 특성을 보인다. 그런 개성을 '유전적 다양성'이라고 했다.

하늘에는 새가 날고 풀숲에서는 온갖 곤충이 울어 댄다. 한마디로 '새'라고 부르지만, 참새·까마귀 등 그 종류는 실로 다종다양하다. 풀숲의 곤충도 메뚜기, 사마귀, 무당벌레 외에 수많은 종류가 있다. 여기서 한걸음 더 들어가자면 메뚜기 안에도 풀무치가 있고, 송장메뚜기도 있으며, 섬서구메뚜기라는 종류도 있다. 이처럼 여러 종류의 생물이 존재할 때 '종의 다양성'이라는 표현을 쓴다.

동물과 식물을 합치면 세상에는 알려진 것만 175만 종
의 생물이 있다고 한다. 상당한 숫자지만, 아직 알려지지 않
은 생물도 많이 있으므로 실제로는 500만 종에서 3,000만
종에 이르는 생물이 지구에 서식 중인 것으로 추정된다. 이
것이 바로 자연의 '생물 다양성'이다.

엄청난 숫자 아닌가?

지구는 역시 생명의 행성임이 틀림없다.

● 꽃 이 다 양 하 게
피 는 이 유

앞서 민들레는 대부분 노란색이라 개성이 없다고 이야
기했다.

가령 외래종 민들레는 모두 노란색이다. 이는 노란색 꽃
이 최선이기 때문이다. 하지만 민들레라 불리는 식물은 그
종류가 상당하여 개중에는 흰민들레라 하여 흰색 꽃을 피

우는 종류도 있다. 흰민들레는 모든 포기가 흰색 꽃을 피우기 때문에 꽃 색깔에는 개성이 없다. 흰민들레는 흰색 꽃이 최선인 것이다.

제비꽃 중에도 노랑제비꽃이라 해서 노란색 꽃을 피우는 종류가 있다. 또 흰제비꽃처럼 꽃이 하얀 종류도 있지만, 일반적으로 제비꽃이라는 식물은 꽃이 보라색이다. 이처럼 야생의 식물은 종류에 따라 꽃 색깔이 다르다.

언뜻 생각하기에 대부분의 민들레에 노란색 꽃이 최선이라면 세상의 다른 꽃들도 모두 노란색이면 좋을 것 같지만, 그렇지 않다. 민들레는 민들레에, 제비꽃은 제비꽃에 최적인 색깔이 각기 따로 있는 것이다.

그렇다면 애초부터 자연계에 각양각색의 꽃이 피는 이유는 무엇일까? 종류가 여럿이면 아름답기는 하지만, 복잡하고 귀찮을 것 같은데 한 종류의 꽃만 피면 안 되는 것일까?

이번 시간에는 이 질문에 대한 답을 찾기 위해 생물들의 세계를 살펴보기로 한다. 애당초 자연계에는 무슨 이유로 여러 종류의 생물이 존재할까? 우선은 이 궁금증부터 풀어보기로 하자.

● 온리원인가,
넘버원인가

2000년대 초반 일본을 강타한 〈세상에 하나뿐인 꽃〉이라는 노래에 다음과 같은 가사가 있다.

'넘버원이 되지 않아도 좋아. 처음부터 특별한 온리원.'

이 가사에 대해서는 크게 두 가지 의견이 있다. 하나는 이 가사가 말하는 그대로 온리원이 중요하다는 것이다. '넘버원만 가치 있는 것이 아니다. 우리 한 사람, 한 사람이 특별하고 개성 있는 존재이므로 있는 그대로의 모습으로 충분하다'라는 것이다. 지당한 의견이다.

한편 다른 의견도 있다.

'다들 말은 그렇게 하지만, 세상은 경쟁 사회다. 온리원 이라는 사실에 만족해 버리면 노력할 의미가 사라진다. 그러니 세상이 경쟁 사회인 이상, 넘버원을 목표로 삼아야 의미 있는 것이다'라는 의견이다. 이쪽도 수긍되는 면이 있다.

온리원으로 충분한 걸까, 넘버원을 지향해야 하는 것일까? 여러분은 어느 생각에 공감하는가?

사실 생물들의 세계에는 이 물음에 대한 명확한 답이 있다. 자, 이제 살펴보자.

넘 버 원 만
살 아 남 는 다 ?

'넘버원이 아니면 살아남지 못한다.'

생물의 세계에서는 이것이 철칙이다. 넘버원밖에 살아남을 수 없다는 법칙을 증명하는 일명 '가우제의 실험'이라는 것이 있다. 구소련의 생태학자 G. F. 가우제(G. F. Gauze)가 한 실험이다. 가우제는 짚신벌레와 애기짚신벌레 두 종류의 짚신벌레를 하나의 수조에서 함께 키웠다.

어떤 일이 일어났을까?

처음에는 짚신벌레와 애기짚신벌레가 공존하며 둘 다 개체 수가 늘어났지만, 시간이 지나자 짚신벌레는 점차 줄어들다가 결국 사라지고 말았다. 그래서 최종적으로는 애기짚신벌레만 살아남았다.

두 종류의 짚신벌레는 먹이와 생존 장소를 서로 빼앗다가 마침내 어느 한쪽이 멸종할 때까지 경쟁을 벌였다. 그래서 같은 공간인 한 수조에 두 종류의 짚신벌레가 공존할 수 없었던 것이다.

경쟁은 수조 안에서만 일어나는 것이 아니다. 자연계는 격렬한 경쟁과 싸움이 매일같이 벌어지는 약육강식의 세계다. 모든 생물이 넘버원의 자리를 놓고 서로 치열하게 경쟁하며 싸운다.

그런데 이상하다. 자연계에는 수많은 생물이 있다. 만약 넘버원인 생물만 살 수 있다면 이 세상에는 넘버원인 한 종류의 생물만 살아남는다는 말이 된다. 그런데 어째서 자연계에는 여러 종류의 생물이 함께 살고 있는 것일까?

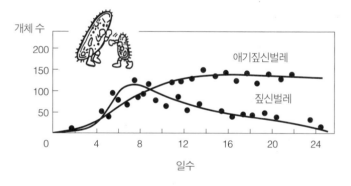

공존할 수 없는 두 종류의 짚신벌레

짚신벌레만 봐도 자연계에는 수많은 종류의 짚신벌레가 있다. 만약 가우제의 실험처럼 넘버원만 살아남을 수 있다면 수조 속과 마찬가지로 자연계에서도 한 종류의 짚신벌레만 살아남고 다른 짚신벌레는 멸종했어야 옳을 것이다. 그런데 자연계에는 수많은 종류의 짚신벌레가 서식한다.

어째서 그럴까?

온 리 원 이
살 아 남 는 다

사실 가우제의 실험에는 후속 편이 있다. 그 실험이 큰 힌트를 제공해 준다. 후속 편에서 가우제는 짚신벌레의 종류를 하나 바꾸어서 짚신벌레와 녹색짚신벌레로 실험을 진행했다. 이번에는 어떤 일이 일어났을까?

놀랍게도 두 종류의 짚신벌레가 모두 사라지지 않고 한

수조 속에서 공존했다.

어찌 된 일일까?

짚신벌레와 녹색짚신벌레는 생존 방식이 다르다.

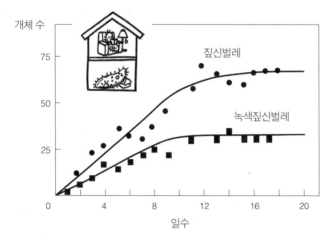

공존하는 두 종류의 짚신벌레

짚신벌레는 수조 위쪽에 있어서 떠다니는 대장균을 먹이로 삼는다. 이에 반해 녹색짚신벌레의 경우는 수조 바닥쪽에 서식하면서 효모균을 먹이로 삼는다. 그래서 짚신벌레와 애기짚신벌레 사이에서와 같은 다툼이 일어나지 않았

4교시 _ 다양성이란 무엇인가

던 것이다.

넘버원만 살아남을 수 있다는 자연계의 철칙에도 불구하고 짚신벌레와 녹색짚신벌레 모두 넘버원으로 살아남았다. 즉 짚신벌레는 수조 위쪽에서 넘버원, 녹색짚신벌레는 수조 바닥 쪽에서 넘버원이 된 것이다. 이처럼 같은 수조 안에서도 넘버원을 사이좋게 나눠 가질 수 있으면 경쟁하지 않고 공존할 수 있다. 생물학에서는 이를 '서식지 분할'이라고 부른다.

자연계에는 이렇듯 모든 생물이 서식지를 나눠 사용함으로써 각자 넘버원 자리를 차지한다. 그러니 자연계에 존재하는 생물은 모두가 넘버원이 된다. 자연계에는 알려진 것만 해도 175만 종의 생물이 서식 중이라고 하니 적어도 175만 가지의 넘버원이 있다는 말이 된다.

넘버원이 되는 방법은 얼마든지 있다는 뜻이다.

● 모든 생물에게는
넘버원이 될 수 있는
자신만의 영역이 있다

'자연계에서는 넘버원만 살아남을 수 있다. 자연계에 사는 생물은 모두가 넘버원이다.'

이 말은 약해 보이는 생물, 그야말로 보잘것없어 보이는 생물도 어딘가의 영역에서는 넘버원을 차지한다는 의미다.

넘버원이 될 방법은 얼마든지 있다. 이런 환경에서는 내가 넘버원, 이런 공간이라면 내가 넘버원, 먹이가 이럴 땐 내가 넘버원, 조건이 저럴 땐 내가 넘버원……. 이런 식으로 다양한 생물들이 넘버원을 나누어 가지기 때문에 넘버원만 살 수 있는 자연계에 다종다양한 생물이 살 수 있는 것이다.

자연계가 얼마나 신기한지 새삼 느끼게 된다. 전체적으로 보면 넘버원이 여럿이지만, 생물 하나하나의 입장에서 보면 넘버원이 될 영역은 그 생물만의 것이었으니 말이다. 모든 생물에게는 넘버원이 될 수 있는 자신만의, 즉 온리원의 영역이 있다는 뜻이다. 온리원의 영역이 있다는 말은 그 생물에게 온리원의 특징이 있다는 뜻이다. 따라서 모든 생물은 넘버원이며, 모든 생물은 온리원이다.

이것이 '넘버원이 중요한가, 온리원이 중요한가?'라는 물음에 대한 자연계의 답이다.

● 니 치 라 는 개 념

넘버원이 될 방법은 많다. 그리고 지구상의 모든 생물에게는 넘버원이 될 수 있는 영역이 있는데, 이렇게 넘버원이 될 수 있는 단 하나의 영역을 생태학에서는 '니치(niche)'라고 한다.

'니치'라는 말은 원래 장식품을 꾸미기 위해 교회 벽면에 설치한 홈을 말한다. 하나의 홈에는 하나의 장식품만 걸 수 있듯이 하나의 니치에는 하나의 생물종만 들어갈 수 있다.

우리 주위에는 많은 생물이 있다. 약해 보이는 생물도 있고, 인간과 비교하면 단순하고 하찮아 보이는 생물도 많이 있다. 하지만 그 모든 생물에게는 넘버원이 될 수 있는 자신만의 니치가 있고, 그래서 그들은 살아 남을 수 있는 것이다.

● 지렁이 · 땅강아지 · 소금쟁이, 그들만의 니치

지렁이도, 땅강아지도, 소금쟁이도
모두 모두 살아 있어
친구인 거야

'우린 모두 살아 있어'로 시작하는 한 인기 동요 〈태양을 향해 손바닥을〉의 가사다. 지렁이나 땅강아지, 소금쟁이는 모두 강한 생물이라는 느낌이 들지 않는다. 특별히 뛰어난 생물 같지도 않다. 하지만 이 생물들의 니치를 보면 누구나 깜짝 놀랄 것이다.

지렁이는 육식도 아니고 초식도 아니다. 땅속에서 흙을

먹고 살아간다. 땅속에서 흙을 먹는 생물 중에서 지렁이가 가장 강하다.

손도 없고 발도 없는 지렁이는 대단히 단순한 생물 같지만, 지렁이의 조상은 처음에는 머리, 그리고 이동을 위한 발 닮은 기관을 갖춘 생물이었을 것으로 여겨진다. 그러나 땅속에서 흙을 먹고 사는 넘버원이 되기 위해 지렁이는 발을 버린 것이다.

땅강아지는 어떤가? 땅강아지는 귀뚜라미와 비슷하게 생긴 메뚜기목의 생물이다. 땅 위에는 여러 종류의 귀뚜라미가 있지만, 땅 밑에서 구덩이를 파고 사는 귀뚜라미는 없다. 그 사실 하나만으로도 땅강아지는 틀림없는 넘버원이다. 이번에는 소금쟁이를 살펴보자. 소금쟁이의 니치 역시 대단하다. 땅 위도 아니고 물속도 아니다. 땅 위는 말할 나위 없고 물속에도 수많은 생물이 있다. 그러나 수면이라는 범위에서는 소금쟁이가 가장 강한 육식 곤충이다.

지렁이, 땅강아지, 소금쟁이는 모두 대단한 자신만의 니치를 가지고 있는 것이다.

● 누구에게나 자신에게
빛나는 자리가 있다

프레임 이론(frame theory)이라는 것이 있다.

예를 들어 여러분이 물고기라고 생각해 보자. 물속에서는 수월하게 헤엄쳐 다니겠지만, 땅 위에 올려지면 그 순간부터는 파닥파닥 몸부림치는 것밖에 할 수 없다. 아무리 이를 악물고 노력해도 다른 생물처럼 땅 위를 걸어 다닐 수 없다. 그 순간 여러분에게는 무엇보다 물을 찾는 것이 가장 중요하다.

이번에는 여러분이 타조라고 가정해 보자. 타조는 세계에서 가장 큰 새다. 여러분은 누구보다 강한 다리 힘으로 빠르게 달릴 수 있다. 굵은 다리로 땅을 차올리는 힘은 맹수도 두려워할 정도로 위력적이다. 그런데 왜 작은 새처럼 하늘을 날지 못하는지를 고민하기 시작하면 타조는 참으로 못난 새가 되고 만다. 타조는 육상에서 힘을 발휘한다. 날려고 하면 안 된다.

여러분도 마찬가지다. '나는 글렀어'라는 생각을 할 때가 있을지도 모르지만, 정말 그럴까? 혹시 땅 위에서 몸부림치는 물고기는 아닌지, 날기를 동경하는 타조는 아닌지 따져봐야 한다.

누구에게나 자기 힘을 마음껏 발휘할 수 있는 빛나는 자리가 있다. 틀린 것은 여러분이 아니라 여러분에게 맞지 않는 자리일지도 모른다. 그러니 자신이 가진 힘을 발휘할 수 있는 니치를 찾아야 한다.

● 니 치 가 힌 트 를
　　주 는 이 유

그런데 한 가지 착각하면 안 되는 점이 있다. 이번 시간에 소개한 니치라는 개념은 배추흰나비나 아프리카코끼리 등 생물종을 단위로 삼았을 때 적용할 수 있는 개념이다.

인간이라는 생물은 자연계에서 확실한 니치를 확립하고 있기에 사실 우리 개개인이 니치를 찾을 필요는 없다. 그런데도 니치 개념은 현재 그야말로 개성의 시대를 살아가는 우리에게 크게 참고할 만한 이야기라고 생각한다.

인간은 상부상조의 문화를 발전시켜 왔다. 서로 도움으로써 다양한 역할을 분담해 사회를 이룩한 것이다. 예를 들어 힘이 센 사람은 사냥감을 잡으러 나갔다. 눈이 좋은 사람은 과일 같은 먹거리를 찾아다녔다. 수영을 잘하는 사람은 물고기를 잡고, 손재주가 있는 사람은 도구를 만들었으며, 요리를 잘하는 사람은 음식을 만들었다. 신에게 기도하는 사람도 있었고, 아이들을 돌보는 사람도 있었다. 이렇게 인간은 오래전부터 할 일을 나누어서 해 왔고 이 같은 역할 분담을 통해 인간 사회는 발달했다. '잘하는 사람이 잘하는 일을 한다'는 것이 인간이 이룩한 사회의 특징이다.

인간 한 사람, 한 사람이 사회 속 여러 위치에서 자신의 역할을 완수하는 모습은 다양한 생물종이 생태계 안에서 각자의 역할을 담당하는 모습과 똑 닮았다.

그러나 사회가 고도로 복잡해져 이제는 역할 분담을 이해하기가 쉽지 않다. 누가 어떤 역할을 담당하는지 파악하기가 어렵고, 사회에서 내가 잘하는 일이 무엇인지를 찾기도 쉽지 않아졌다. 그래서 니치라는 생물종의 기본 개념이 자신의 사회적 역할을 다시 살피는 데 큰 도움을 준다.

그렇다면 넘버원이 될 수 있는 온리원의 니치를 찾아야 하지 않겠는가? 물론 넘버원이 될 수 있는 자리가 단박에 찾아지지는 않겠지만 말이다.

다음 시간에는 넘버원이 될 수 있는 니치를 찾는 방법에 관해 생각해 보기로 하자.

'~답다'는 것은
무엇인가

● 넘 버 원 이   되 는
방 법

넘버원이 될 수 있는 니치를 찾는 데는 두 가지 요령이
있다.

첫째, 작게 세분화하기

둘째, 분야를 직접 만들고 설정하기

상품을 판매하는 마케팅 세계에서는 니치가 작은 틈새
시장이라는 의미로 쓰인다. 시장에는 누구나 구입하는 인
기 상품이 있는가 하면 일부 마니아에게만 주목받고 사랑
받는 희소 상품이 있다. 희소 상품은 많이 팔리지는 않지
만, 확실하게 사 주는 사람이 있다. 이렇게 큰 시장의 틈새

에 존재하는 상품 시장을 니치라고 부른다.

그런데 생물학에서 말하는 니치는 넘버원이 될 수 있는 장소를 의미하기 때문에 작다는 의미는 포함되어 있지 않다. 그래서 작은 니치도 있고 큰 니치도 있다. 어쨌든 니치는 넘버원이 될 수 있는 장소다. 큰 니치에서 줄곧 넘버원이 되기는 어려운 일이다.

가령 육상 경기를 생각해 보자. 세계에서 가장 발이 빠른 사람들이 모인 니치에서 넘버원이 되려면 웬만큼 빨라서는 안 된다. 게다가 모든 경기에서 계속 이기려면 보통 힘든 일이 아니다.

이때 범위를 조금 좁혀 보면 어떨까?

한 국가에서 가장 발이 빠른 사람들의 니치로 범위를 좁히면 세계에서 가장 빠른 사람들의 니치에서보다는 쉽게 넘버원이 될 수 있다. 마찬가지로 자기 학교에서 가장 빠르다거나 학급에서 가장 빠른 사람이 되겠다는 식으로 범위를 좁히면 좁힐수록 넘버원이 되기는 한층 쉬워진다.

종목을 좁히는 방법도 있다. 100m, 200m, 1,500m 등 종목을 나누어 갈수록 넘버원이 되기 쉬워진다는 말이다.

하지만 그렇게 해도 넘버원이 되기란 어려운 법이다. '빨리 달리기'에 도전하는 사람이 많으니 그중에서 1등을 차지하기는 여전히 힘든 일이다.

니치를 더욱더 작게 만들어 보자. 예를 들어 운동회 때는 온갖 다채로운 종목이 등장한다. 장애물 경기에서 넘버원이 되는 건 어떨까? 가장 빨리 그물을 통과한다거나 가장 빨리 평균대를 통과하겠다는 식으로 장애물 하나하나를 세분해도 좋을 것이다.

또는 줄에 매달린 간식을 따먹는 과자 따먹기 경기나 숟가락으로 공을 운반하는 스푼 레이스에서 넘버원이 되기를 목표로 삼을 수도 있겠다. 쪽지에 적힌 물건을 찾아오는 경기도 있다. 운동회는 빨리 달리는 것 외에도 다양한 넘버원이 탄생하도록 고안되어 있지 않은가?

자연계의 생물들 또한 이처럼 조건을 세세하게 설정해서 넘버원이 될 수 있는 니치를 확보한다. 어찌 보면 모든 생물은 이 지구상에서 저마다의 작은 니치를 나누어 차지하고 있다고 할 수 있겠다.

● 분야를 직접
   만들고 설정하라

넘버원이 될 수 있는 니치를 찾는 두 번째 핵심 요령은 '분야를 직접 설정하라'는 것이다.

이미 존재하는 분야에서 넘버원이 되어야 한다는 생각은 잘못이다. 가령 국어나 수학처럼 진작에 있어 온 과목에서 1등 할 필요가 없다는 것이다. 100m 달리기나 교내 마라톤 같은 종목에서 1등 할 필요도 없다. 시험 점수나 경쟁률 등 기존의 평가 방식으로 경쟁할 필요도 없다. 자신이 1등이 되기 위한 잣대를 스스로 만들면 된다.

인기 애니메이션 〈도라에몽〉에 나오는 진구는 마법의 세계를 만들 수 있는 '만약에 박스'라는 비밀 도구로 이 세상과는 가치관이 다른 세상을 만들었다.

잠자기를 높이 평가하는 세상에서 진구는 0.93초 만에 잠에 빠져드는 세계기록 수준의 솜씨를 선보여 찬사를 받았다. '실뜨기 솜씨를 최고로 여기는 세상'을 만들었던 '실뜨기 세상' 편에서 진구는 누구보다 뛰어난 실뜨기 솜씨를 발휘해 슈퍼스타가 되었다. 진구는 거기서 멈추지 않고 실 뜨기계의 큰 인물이 되어 많은 제자를 거느렸으며 실뜨기 장관을 꿈꾸기에 이르렀다.

진구는 사격 명인으로도 이름을 알렸다. 그런 재능에 눈을 뜬 계기는 코딱지를 손가락으로 튕겨서 날리는 장난이었다.

무슨 일이든 좋다. 아무리 작은 재능이라도 상관없다. 이제부터 여러분이 넘버원이 된다면 '만약에 박스'에 어떤 세상을 만들어 달라고 부탁할 것인지 생각해 보자.

● **잘 하 는   일 이**
　있 기 는   한 데 ……

잘하는 일, 좋아하는 일은 있지만, 그 일을 넘버원이 될 정도로 잘할 자신은 없다는 사람도 있다. 그럴 수 있다. 생물도 마찬가지다. 그럴 때 생물들이 쓰는 전략이 바로 니치 시프트(niche shift)다.

모든 생물에게는 넘버원이 될 수 있는 온리원의 영역, 니치가 있다. 그러나 니치는 결코 영원하지 않다. 게다가 모든 생물이 넘버원이 될 영역을 찾아다니다 보니 니치가 다른 생물과 겹칠 수 있다. 또 시대가 변하고 환경이 바뀌는 탓에 넘버원의 자리를 지킬 수 없는 경우도 있다. 그럴 때 생물들은 특기를 잘 지켜 나가면서 동시에 자신이 잘하는 일과 관련된 넘버원이 될 수 있는 분야를 주변에서 새롭게 찾아본다.

큰부리까마귀는 원래 깊은 숲속에 살았다. 그런데 지금은 주택지나 도시 한가운데에서 쓰레기를 뒤진다. 복잡한 숲속을 날아다니며 먹이를 찾던 특기를 살려 도시라는 복잡한 환경을 서식지로 삼아 살아가는 것이다.

논에 사는 투구새우는 원래는 사막에 사는 생물이었다. 사막에서는 비가 아주 잠깐 내리고 그때 웅덩이가 만들어지기는 하지만 이내 말라 버린다. 투구새우는 그 작은 물웅덩이 속에서 알을 부화하고, 단숨에 성장해 다시 알을 낳는다. 성장 속도가 엄청난 것이다. 논은 물을 가득 가둬 놓지만, 여름이 되면 벼의 생육을 조정하기 위해 그 물을 빼

내는 환경이다. 논이 마르면 물속의 여러 생물은 죽어 버린다. 그런데 투구새우는 그 전에 알을 남김으로써 살아남게 된다.

일본의 곤들매기는 깨끗한 강에 사는 물고기다. 그런데 산천어라는 물고기가 있으면 곤들매기는 강의 상류 쪽으로 도망쳐 버린다. 산천어는 곤들매기보다 우위에 있는 면이 있다. 하지만 곤들매기는 '추위에 강하다'는 강점이 있다. 그래서 산천어가 힘을 발휘할 수 없는 환경, 즉 물이 차가운 상류 쪽으로 옮겨가서 사는 것이다.

몸의 중심축을 실은 한쪽 발은 그대로 단단히 딛고 버티면서 다른 한쪽 발로도 설 수 있는 자리를 찾는 식이다. 이런 식으로 '넘버원이 될 수 있는 온리원의 영역'을 계속 찾다가 마침내는 그 영역을 바꾸는 것이다. 다시 말해 조금씩 비켜나면서 '넘버원이 될 수 있는 또 다른 온리원의 영역', 새로운 니치를 찾아가는 방식이다.

여러분이 잘하는 일, 좋아하는 일에서 넘버원이 되지 못할 수도 있다. 하지만 여러분이 잘하는 일, 좋아하는 일 주변에 여러분의 니치가 있다. 그것을 계속해서 찾아 나서야 한다.

자신이 좋아하는 일이지만, 다른 사람을 이길 수 없는 경우도 있다. 이를테면 축구를 너무나도 좋아하지만 남보다 잘하지 못한다거나, 역사를 정말 좋아하지만 역사 시험만 보면 점수가 나쁠 수도 있다. 그럴 때는 좋아하는 것을 축으로 삼아 조금만 눈을 돌려보자.

'큰 노력을 하지 않아도 이길 수 있는 자리에서 가장 큰 노력을 하라'는 말이 있다. 이것이야말로 넘버원이 될 수 있는 온리원의 영역을 찾는 지름길이다.

물론 우리는 21세기를 사는 인간이기에 단순히 살아남기 위해서 니치를 찾겠다고만 한다면 공허함을 느낄 수 있다. 따라서 좋아하는 것, 잘하는 것, 그리고 남들이 원하는 것, 그런 니치의 힌트를 찾아야 한다. 그리고 작은 도전들을 반복해야 한다.

작은 도전에 관해서는 다음 시간에 생각하기로 하자.

● '~다움'으로
승부를 내자

'잘하는 것도 없다. 내가 무엇을 좋아하는지도 모르겠다. 그럼에도 넘버원이 될 수 있는 니치를 찾고 싶은데 어떻게 해야 할까?'

이렇게 생각하는 사람도 있을 수 있다.

사실 넘버원이 될 수 있는 온리원의 영역을 찾을 결정적인 방법이 있다. 그것은 바로 자기다워야 한다는 것이다. 자기다움을 살릴 수 있는 분야를 자기 뜻대로 만들면 넘버원은 떼어 놓은 당상이다. 자기다움을 살릴 수 있는 분야는 당연히 온리원이기도 하다.

단, 잊지 말아야 할 점이 있다. 1교시 마지막에 필자는 이미 자기다움이 무엇인지에 대해 질문했다. 우리는 누구나 개성을 갖고 있는 존재다. 아무것을 하지 않아도 있는 그대로 자기다움을 갖춘 존재다. 남이 자기다움을 아무리 강조한다 하더라도 스스로 자기다움이 무엇인지 모른다면 그것은 쇠귀에 경 읽기다.

디즈니 영화 〈겨울왕국〉의 〈있는 그대로의 내가 될 거야(Let it go)〉라는 노래가 큰 인기를 끌었다. 비틀스의 명곡 〈Let it be〉에서는 '있는 그대로'라는 뜻의 let it be라는 가사가 반복된다. 그런 노래가 사람들의 마음을 강렬하게 끌고 오랫동안 그들의 가슴속에 남아 있다는 것은 그만큼 '있는 그대로' 살기가 어렵다는 의미다.

자기답게, 있는 그대로라는 것은 대체 무슨 뜻일까?

자기다움이란 무엇을 말하는 것일까?

● 아 무 도
코 끼 리 를 모 른 다

코끼리는 어떤 동물인가?

이 질문에 대부분의 사람들은 '코끼리는 코가 긴 동물이다'라고 답할 것이다. 하지만 이 대답이 코끼리의 모든 것을 말했다고 할 수 있을까?

인도 우화 중에 '장님 코끼리 만지기'라는 이야기가 있다. 옛날 옛적에 어느 마을에서 앞을 보지 못하는 사람들이 코끼리라는 생물에 관해 서로의 느낌을 주고받으며 이야기하고 있었다.

코를 만진 사람은 "코끼리는 뱀처럼 가늘고 긴 생물이다"라고 말했고, 송곳니를 만진 사람은 "코끼리는 창과 같은 생물이다"라고 소리쳤다. 크고 넓은 귀를 만진 사람은 "코끼리는 부채처럼 생긴 생물이다"라고 표현했고, 굵은 다리를 만진 사람은 "코끼리는 나무처럼 생긴 생물이다"라고 말했다.

다들 옳은 말을 했다. 하지만 분명한 사실은 누구 하나 코끼리의 진짜 모습을 말한 사람은 없다는 점이다.

우리도 앞을 보지 못하는 그들과 크게 다르지 않다.

'코끼리는 코가 긴 동물이다.'

이것이 정말 코끼리의 전부일까?

그렇다면 기린은 뭐라고 말할 수 있을까? 목이 긴 동물? 이 말로 기린의 모든 것을 표현했다고 할 수 있을까?

얼룩말은 어떤가? 판다는 어떤가?

코끼리는 100m를 10초 정도에 달린다. 이 정도라면 올림픽 육상선수 정도와 맞먹는 속도다. 코끼리는 외모와 달리 빨리 달리는 동물이기도 한 것이다. 코가 길다는 것은 코끼리의 일부에 지나지 않는다.

사람들에게 늑대는 무서운 동물로 알려져 있지만, 정말 그럴까? 확실히 늑대는 양과 같은 가축을 습격하는 동물이다. 하지만 늑대는 가족 단위로 생활하기 때문에 가족을 위해 잡아 온 사냥감을 자기 새끼들에게 먼저 먹인다. 그만큼 늑대는 가족을 끔찍이 생각하는 매우 다정한 동물이기도 하다.

● 친 구 가   보 는   나 ,
　 부 모 가   보 는   나

여기 어떤 사물이 있다. 누군가는 이것을 보고 원형이라 하고, 또 누군가는 삼각형이라 하며, 또 다른 누군가는 사각형이라 한다.

누구의 말이 사실일까? 세 사람 중 그 누구의 답도 틀리지 않았다.

　아래 그림을 보자. 위에서 보면 둥근 원형으로 보이지만, 옆에서 보면 삼각형으로 보인다. 또 다른 방향에서 보면 사각형으로도 보인다. 그러나 사람은 한 방향으로만 볼 수 있다. 그래서 모두들 자신이 보고 있는 서로 다른 모양만을

동그라미? 삼각형? 사각형?
지금 우리가 보고 있는 모습은 어떤 것일까?

말하는 것이다.

사람에 관해서도 마찬가지다. 여러분에 대해 얌전한 사람이라고 생각하는 사람도 있을 수 있고, 활발한 사람이라고 생각하는 사람도 있을 수 있다. 어느 것도 틀린 말이 아니다. 아마 여러분은 두 가지의 모습을 모두 갖고 있을 것이다.

우리는 그렇게 단순한 존재가 아니다. 그런데도 인간은 어느 한 면만을 보고 판단해 버리기 쉽다. 게다가 인간의 뇌는 복잡한 것을 좋아하지 않기 때문에 가능한 한 쉽게 설명하려 한다.

코끼리는 코가 긴 동물이고 기린은 목이 긴 동물이라는 식으로 말했듯이 여러분에 대해서도 '○○한 사람'이라고 단순하게 정리하려 드는 것이다.

사실 이는 어쩔 수 없는 일이다. 인간의 뇌는 여러분이 얼마나 복잡한 존재인지 알고 싶어 하지 않는다. 따라서 주위 사람이 한 방향에서만 보고 내린 결론을 여러분 자신마저 따라 믿으면 안 된다.

예를 들어 누군가가 여러분을 얌전한 사람이라고 판단

했다면 그것이 틀린 말은 아닐 수 있지만, 그것은 어디까지나 한 가지 측면일 뿐이다.

그런데도 남들이 생각한 대로 얌전함이 자기다움이라고 착각하는 경우가 많다. 그리고 얌전함만이 자기다움이라고 생각하고 점점 더 얌전한 사람이 되어 가기도 한다. 그런 과정을 거치면서 사람들은 자기다움을 잃게 된다. 그 결과, '진짜 자기와 다른' 자기 모습 때문에 괴로움을 겪기도 하고 진짜 자기다움을 제 손으로 내버리기도 한다.

이외에도 자기다움을 잃게 만드는 '~다움'이 있다. 상급생답게, 학생답게, 남자답게, 여자답게, 오빠답게, 우등생답게……. 이 '~답다'라는 것은 무엇인가? 혹시 주변 사람들이 만들어 낸 환상은 아닐까?

우리 주변에는 수많은 '~다움'이 있다. 그리고 그 '~다움'에는 '해야 한다'는 말이 반드시 따라붙는다. 상급생답게 굴어야 한다, 학생답게 굴어야 한다, 남자다워야 한다, 여자다워야 한다, 오빠답게 처신해야 한다, 우등생답게 열심히 해야 한다……. 물론 사회가 기대하는 '~다움'을 따를 필요도 있다. 그러나 진짜 자기다움을 찾으려 한다면 여러분에게 따라붙은 '~다움'부터 버리는 것이 좋다. 주변 사람들이 씌운 '~다움'이라는 속박을 풀었을 때 비로소 자기다움을 찾을 수 있다.

당연히 쉬운 일은 아니다. 그러나 진정한 자기다움을 계속해서 찾아야 한다. 그것이 자신의 니치를 찾아내는 일이기도 하니까 말이다.

● 자기다움은 '~다움'을
   버렸을 때 찾을 수 있다

여러분은 갓난아기 때 알몸으로 태어난다. 그 이후에 사람들은 여러분에게 여러 가지 옷을 입힌다. 그것이 '~다움'이다.

여러분에게는 발육 곡선이라는 평균값이 주어졌고, 여러분은 그 평균값보다 큰지 작은지 늘 비교되면서 성장했다. 다른 아이보다 발육이 빠른지 느린지도 끊임없이 비교당했다. 여기에 '오빠답게' '선배답게' '여자답게' '남자답게'

등 '~다움'의 옷이 덧입혀졌다. 누군가가 '이 아이는 ○○한 아이다'라는 딱지를 붙이면 여러분은 그것을 '나다움'으로 여기며 받아들였다.

그렇게 여러분은 '~다움'이라는 이름의 많은 옷을 받아 입었다. 그리고 그 옷들은 마치 단단한 갑옷처럼 여러분을 칭칭 옭아매고 움직이지 못하게 했다. 그렇다면 진짜 자기다움을 어떻게 찾을 수 있을까?

그것을 찾아낼 실마리는 '~다움'이라는 옷이 많이 입혀지지 않았던 시절일 수도 있다. '~다움'이라는 옷이 아직 다 입혀지지 않은 어린 시절, 여러분이 좋아했던 것, 기뻤던 일, 관심 있었던 분야, 즐거웠던 추억, 인상에 남는 기억은 어떤 것인가?

자기다움은 '~다움'을 버렸을 때 비로소 찾을 수 있다. 그리고 넘버원이 될 니치를 찾으려면 '~해야 한다'를 버려야 한다.

● 인간이 만든 규칙에
사로잡히지 않는 잡초

필자는 잡초라고 불리는 식물에 마음이 끌린다. 여러분 중에도 잡초 정신이라는 말을 좋아하거나 '잡초 군단'이라 불리는 팀을 응원하고 싶어 하는 사람이 있을지 모르겠다. 이러한 경우 대부분은 잡초가 '최고는 아니지만, 열심히 하는 사람들'이라는 이미지를 가지고 있어서인 것으로 보인다.

그런데 내가 잡초를 좋아하는 이유는 좀 다르다. 잡초는 도감대로 자라지 않는다. 그 점이 가장 큰 매력이다. 도감에는 봄에 핀다고 나와 있는데 가을에 피어 있거나, 키가 30cm 정도 된다고 나와 있는데 1m 이상 자라기도 한다. 5cm 정도밖에 안 크고도 꽃을 피운다. 도감에 적혀 있는 사실과는 전혀 다른 것이다.

인간의 입장에서 볼 때 도감이란 맞는 말만 나와 있는 책이다. 도감의 문장은 '이러하다' '이것이 평균이다'라는 식이다. 즉 '이러해야 한다'라고 쓰여 있는 것이다.

그런데 도감은 인간이 마음대로 만든 것이다. 도감에

나온 내용은 인간이 믿고 싶은 대로 써 놓은 것인지도 모른다. 식물 입장에서는 반드시 도감에 써 있는 대로 자라야 할 이유가 없다.

잡초는 도감에 실린 내용 따위는 전혀 신경 쓰지 않고 자유롭게 자란다. 그리고 자유롭게 꽃을 피운다. 도감에 실린 내용과 다르면 식물을 연구하는 사람으로서는 대단히 귀찮고 곤란하다. 하지만 인간이 마음대로 만들어 낸 규칙, 이래야 한다는 환상에 사로잡히지 않는 잡초의 삶은 너무나도 통쾌하고 어떤 면에서는 부럽기도 하다.

잡초는 왜 도감대로 자라지 않을까?

그 이유는 8교시 시작 때 알아보기로 한다.

—

이긴다는 것은
무엇인가

● '저 마 다 공 덕 깊 은
      꽃 이 로 구 나 '

4교시에서 소개한 것처럼 자연계의 생물은 넘버원이 아니면 살 수 없다. 인간 세상이라면 금메달이 아니라 은메달, 동메달을 받고도 살 수 있건만, 자연계는 넘버원만 살 수 있다니 얼마나 혹독한 세계인가?

그런데 정말 그럴까?

대표적인 하이쿠 시인 마쓰오 바쇼의 작품 중에 이런 것이 있다.

풀은 가지가지 저마다 공덕 깊은 꽃이로구나

넘버원이 아니면 살 수 없는 자연계라더니 온갖 꽃이 피어 있다고 했다. 그것도 갖가지 색깔과 모양의 꽃이 만발했다는 것이다. 만약 이 풀꽃들이 넘버원 자리를 놓고 서로 경쟁하는 관계라면 이렇게 많은 꽃이 함께 필 수 없을 것이다. 이겨서 살아남은 꽃만 자태를 뽐내고, 패배한 꽃은 시들어 버릴 테니 말이다.

그런데 그렇지 않고 많은 꽃이 피었다고 했다. 마쓰오 바쇼는 이를 '저마다 공덕 깊은 꽃이로구나'라고 읊었다. 각각의 꽃이 열심히 애쓴 증거라는 뜻이다.

그렇다. 넘버원이 되는 방법은 얼마든지 있다. 옆에 핀 꽃과 겨루지 않아도 넘버원이 될 수 있다. 오히려 갖가지 꽃이 함께 피었다는 것은 그 어느 꽃도 같은 분야에서 경쟁하지 않는다는 뜻이다. 넘버원이 된다는 것은 꽃들이 서로 승패를 다툰다는 의미가 아니다.

● 인 간 은

　승 패　가 르 기 를

　좋 아 한 다

　그런데 인간은 승패 가르는 것을 좋아한다. 2교시에서
소개한 것처럼 인간의 뇌는 구별하고 비교하기를 무척 즐
긴다.

　그런 인간의 뇌가 가장 이해하기 쉬운 말이 '승리'와 '패
배'다. 이긴 팀, 진 팀을 굳이 나누는 것을 보면 인간의 뇌는
승패에 집착한다. 이는 여럿을 나란히 세워 두고 비교할 때
인간의 뇌가 비상하게 돌아가기 때문이다. 인간의 뇌 입장
에서 볼 때 승리와 패배는 참으로 이해하기 쉽고 명확한 지
표다.

　또 인간은 승패를 겨룰 상대에 관해 모를 때, 직접 만들
어 낸 평균이라는 환상을 꺼내 든다. 평균보다 성적이 높다
거나 수입이 많다는 식으로 어떻게 하든 승패를 가르고 싶
어 한다.

　그런데 이긴다는 것은 대체 무엇을 말하는가? 원래 평균

보다 높고 많으면 이기는 것일까? 거기에 의미가 있을까?

'좋은 생활'이라고 하면 어떤 이미지가 떠오르는가? 누구나 부러워하는 명품으로 치장하고 고급 차를 몰고 다니며 호화로운 저택에 살면서 아쉬울 것 없이 사는 생활을 떠올릴지도 모르겠다.

'행복한 삶'이라고 하면 어떤가? 분명 가족과 친구들에 둘러싸여 걱정과 스트레스 없이 지내는 여유로운 생활을 떠올릴 것이다.

행복에는 승패가 없다. 행복에는 평균도 없다. 여러분 마음이 언제나 즐거움으로 가득하다면 그것으로 충분하지 않을까?

● 경쟁이
전부는 아니다

생물에게는 넘버원이 될 수 있는 온리원의 영역이 있다. 누구에게도 지지 않는 자신의 특기를 마음껏 살려 자신의 지위를 확보하는 것이다.

치열한 경쟁이 펼쳐지는 자연계지만, 그 안에서 생물은 가능한 한 '싸우지 않는다'는 전략을 발전시켰다. 넘버원이 될 수 있는 온리원의 영역이 있으면 그렇게 싸우지 않아도 된다.

반면 현대 사회를 살아가는 우리는 늘 크고 작은 경쟁에 노출되어 있다. 운동회에서도 등수를 가리고, 학교 성적에도 등수를 매긴다. 생물들처럼 철저히 '싸우지 않는 전략'으로 일관할 수 없는 상황이다. 경쟁에서 벗어날 수 없다는 이야기다.

그 대신 생물들의 세계는 경쟁에서 패하면 사라져야 하는 냉혹한 세계다. 흔히 냉혹한 경쟁 사회라는 표현을 사용하지만, 우리가 사는 세상은 생물의 세계와는 달리 패배하더라도 목숨을 빼앗기지는 않는다.

일정한 잣대를 적용해 순위를 매기거나 비교하는 과정을 거쳐야만 이해할 수 있는 뇌를 가진 인간들의 세상에서는 경쟁이 없을 수 없다. 싸우고 싶지 않음에도 언제나 경쟁하고 싸워야 하는 무대 위에 올려진다. 어찌할 도리가 없다. 그 무대에서는 어쩔 수 없이 힘껏 노력해야 하는 것도 사실이다.

그런데 중요한 것은 그런 경쟁이 전부가 아니라는 점이다. 경쟁에서 진다고 해도 여러분의 가치는 전혀 손상되지 않는다. 싸움에 졌다고 해서 여러분이 열등한 것이 아니다. 그저 자신의 능력을 발휘할 수 없는 무대였기 때문에 진 것이다. 따라서 그런 경쟁 때문에 괴롭다면 무대에서 내려가도 상관없고 도망쳐도 상관없다.

4교시에 했던 니치 이야기를 떠올려 보자.

니치라는 것은 넘버원이 될 수 있는 온리원의 영역을 의미했다. 누군가가 마련해 놓은 경쟁의 장이 여러분의 니치일 가능성은 드물다. 어디서 승부를 겨루는지가 중요하니까 말이다.

여러분이 승리할 수 있는 니치만 찾으면 된다. 그러고 나서 그 외의 장소에서는 완패해도 된다.

● 져도 된다

고대 중국의 사상가 손자는 '싸우지 않고도 이기는 법'을 말했다. 손자뿐 아니라 역사상 위인들은 '가능한 한 싸우지 않는' 전략을 깨달은 사람들이다. 위인들은 어떻게 그 같은 경지에 이르렀을까?

아마 그들은 많이 싸우고 많이 져 봤을 것이다. 승자와 패자가 있을 때, 패자는 괴로워한다. 상황을 떠올리며 왜 졌는지를 따져 본다. 그리고 어떻게 하면 이길 수 있을지를 고민한다.

그들은 상처받고 고통받았다. 그리고 마침내 넘버원이 될 수 있는 온리원의 영역을 찾아냈다. 그런 식으로 싸우지 않는 전략에 도달한 것이다.

생물도 싸우지 않는 전략을 기본 전략으로 삼는다. 자연계에서는 치열한 생존 경쟁이 펼쳐진다. 진화의 과정에서 생물들은 끊임없이 싸웠다. 그리고 각 생물은 넘버원이 될 수 있는 온리원의 영역을 찾아냈고, 그 결과 가능한 한 싸우지 않는 경지와 지위에 도달했다.

넘버원이 될 수 있는 온리원의 영역을 찾아내려면 젊은 여러분은 싸워도 된다. 그리고 져도 된다.

끝없이 도전하다 보면 이길 수 없는 자리를 많이 만나게 된다. 그 과정에서 수없이 패배를 맛보게 될 수도 있다. 하지만 그렇게 넘버원이 될 수 없는 자리를 찾아내는 것이 종국에는 넘버원이 될 수 있는 자리를 찾아내는 길로 이어진다. 넘버원이 될 수 있는 온리원의 영역을 찾아내기 위해지는 것이다.

학교에서는 많은 과목을 배운다. 잘하는 과목도 있고 못하는 과목도 있을 것이다. 잘하는 과목 안에 못하는 단원이 있을 수 있고, 못하는 과목도 전체 내용을 못하는 것이 아니라 잘하는 단원이 있을 수 있다. 학교에서 온갖 것들을 배우는 이유는 수없이 시도하기 위해서이기도 하다.

● 서 툴 러 도
일 단 해 보 기

못하는 분야에 승부를 걸 필요는 없다. 싫으면 도망가도 된다. 하지만 젊은 여러분에게는 무한한 가능성이 있다. 못한다는 결론을 쉽게 내리지는 말라고 이야기해 주고 싶다.

펭귄은 땅에서는 잘 걷지 못한다. 하지만 물속에 들어가면 마치 물고기처럼 자유자재로 헤엄쳐 다닌다. 바다표범과 하마는 지상에서는 느림보라는 이미지가 있지만, 물속에서는 아주 날렵하게 헤엄친다. 진화하기 전 지상에 살았던 그들의 조상은 설마 자신들이 수중 활동에 뛰어날 거라고는 생각지도 못했을 것이다. 그뿐인가? 시간을 더 거슬러 올라가야 만날 수 있는 오래전 조상이 물속에 살았다는 사실이야말로 전혀 몰랐을 것이다.

다람쥐는 나무타기 선수다. 하지만 같은 계통 생물인 날다람쥐는 다람쥐보다 나무타기 솜씨가 떨어져서 아주 천천히 나무를 오른다. 그러나 날다람쥐에게는 활공하는 멋진 재주가 있다. 나무 오르기를 포기했다면 자신이 하늘을 날 수 있다는 사실을 몰랐을 수도 있다.

인간도 마찬가지다.

축구에는 공을 바닥에 떨어뜨리지 않도록 발로 계속 튀기는 리프팅이라는 기초 연습이 있다. 그런데 프로 축구 선수 중에도 리프팅만큼은 서툴렀다는 사람이 있다. 리프팅 실력만 보고 안 되겠다고 좌절하고 축구를 그만두었다면 강력한 슈팅 능력을 꽃피우지 못했을 수 있다.

수학은 어떤가? 초등학교 수학은 계산 문제가 주를 이룬다. 그러나 중학교와 고등학교에서 배우는 수학은 어려운 퍼즐을 푸는 듯한 재미가 있다. 대학에 가서 수학을 공부하면 추상적이거나 이 세상에 존재할 수 없을 것 같은 세계를 숫자로 표현하기 시작한다. 그때는 이미 철학의 영역이다. 그러니 계산 문제가 귀찮다고 해서 일찌감치 수학을 포기한 사람은 수학의 진정한 재미를 맛볼 기회를 영원히 놓치는 것이다.

공부는 자신이 무엇을 잘하는지 찾아내는 작업이기도 하다. 못하는 것을 억지로 할 필요는 없다. 결국에는 자신이 잘하는 일로 승부를 겨루면 된다. 하지만 그렇게 잘하는 것을 찾으려면 지레 못한다고 단정해 버리거나 포기해서는 안 된다는 점을 잊지 말아야 한다.

1교시에 했던 도꼬마리 이야기를 떠올려보자.

도꼬마리는 싹을 일찍 틔우겠다거나 늦게 틔우겠다는 판단을 서두르지 않았다. 어떻게 했는가? 그렇다. 선택할 수 있는 두 가지 카드를 모두 가지고 있기로 했다.

잘하는지 못하는지를 쉽게 결정하면 매우 안타까운 일이 벌어질 수 있다. 잡초가 그러하듯 서툰 일마저 선택의 카드로 버리지 않고 갖고 있는 것이 중요하다.

● 진화의 정점인 인류,
   패자 중의 패자였다

승자는 싸우는 방식을 바꾸지 않는다. 그 방식으로 승리를 거머쥐었으니 바꾸지 않는 것이 좋기 때문이다. 그러나 패자는 어떻게 싸워야 할지 생각한다. 궁리에 궁리를 거듭한다. 진다는 것은 '생각한다는 것'이다. 그리고 이는 변화로 이어진다. 계속 진다는 것은 계속 변한다는 말이기도 하다. 생물의 진화를 봐도 그렇다. 극적인 변화는 언제나 패자에 의해 이루어졌다.

고대 바다에서는 어류들 사이에 치열한 생존 경쟁이 벌어졌을 때 싸움에 패한 패자들은 다른 물고기들이 없는 강이라는 환경으로 도망쳤다. 물론 다른 물고기들이 강에 살지 않았던 데는 이유가 있었다. 바닷물에서 진화한 물고기에게 염분 농도가 낮은 강은 살기 좋은 환경이 아니었던 것이다. 하지만 패자들은 그 역경을 딛고 강에 사는 민물고기로 진화했다.

그런데 강에 사는 물고기가 많아지자 여기서도 치열한 생존 경쟁이 벌어졌다. 싸움에 진 패자들은 물웅덩이 같은 여울로 쫓겨갔다. 그리고 패자들은 진화했다.

결국에는 육상으로 진출해 양서류로 진화했다. 열심히 체중을 지탱하며 힘차게 손발을 움직여 육지로 올라가는 모습은 상상만 해도 미지의 영역으로 향하는 투지가 느껴질 정도다.

그러나 육지에 최초로 오른 양서류는 결코 용기 있는 영

싸움에 진 어류들은 강과 여울을 거쳐
결국에는 육상으로 진출해 양서류로 진화했다.

웅이 아니었다. 넘버원이 될 수 있는 온리원의 영역을 찾아 가는 쫓기는 자, 상처받은 자, 자꾸만 패배하는 자였을 것 이다.

어느덧 공룡의 시대가 열리자 작고 약한 생물들은 공룡 의 눈을 피해 어두운 밤을 주된 행동 시간으로 삼았다. 동 시에 공룡으로부터 도망치기 위해 청각, 후각 등의 감각기 관과 이를 관장하는 뇌를 발달시켜 민첩한 운동 능력을 얻 었다. 또 자손을 지키기 위해 알이 아닌 새끼를 낳아 키우게 되게 되었다. 그들이 바로 현재 지구상에 번영한 포유류다.

인류의 조상은 숲에서 쫓겨나 초원에서 살게 된 원숭이 계통 생물이다. 무시무시한 육식 동물을 겁내며 인류는 이족보행을 하게 되었고, 생명을 지키기 위해 지혜를 키워 도구를 만들었다.

생명의 역사를 돌이켜 보면 진화를 일궈낸 자들은 늘 밀려나고 박해받은 약자였고 패자였다. 그리고 진화의 정점에 섰다고 하는 우리 인류는 패자 중의 패자이면서도 진화를 이루어냈다.

생명의 역사를 볼 때, 진화의 원동력은 언제나 니치를 찾아다닌 패자들의 도전이었다는 말이다.

● 지 는 방 식 도
   진 화 했 다

생물의 세계는 넘버원만 살아남을 수 있다. 치열하게 경쟁하고 싸우다가 패배해 자취를 감추는 생물도 있다.

다행히 우리가 사는 현대 인간 사회는 아무리 경쟁 사회라고 하지만, 그렇게까지 냉혹하지는 않다. 졌다고 해도 목숨을 잃을 일은 없고 멸종되지 않는다. 그러니 두려워하지 말고 과감하게 도전하면 된다.

그러나 생물의 세계는 그렇지 않다. 패배하면 목숨을 빼앗기거나 멸종할 수도 있다. 현재 살아남은 생물들은 때로 패배를 맛보았을지언정 치명적인 패배를 당하지는 않았다고 보아야 한다.

패배는 변화하는 데 매우 효과적이다. 그렇다고 지는 것이 마냥 좋다는 의미는 아니다. 질 때 너무 큰 타격을 입으면 다시 일어설 수 없거나 심각한 상처를 입게 된다.

이길 것 같은지 질 것 같은지를 잘 가늠한 뒤에 질 것 같다는 판단이 서면 무리하지 말고 져 주는 것도 나쁘지 않다. 이렇게 작은 도전과 작은 패배를 반복하는 것이야말로 다음에 있을 승리를 위해 중요하다. 작은 승리를 반복하거나 다음 기회가 보장되는 패배를 반복하는 방법으로 니치를 찾아가는 것이다.

여러분은 아버지와 어머니 사이에서 태어났다. 만약 두 분의 만남이 없었다면 여러분은 이 세상에 태어나지 못했다. 서로 다른 인생을 살아온 남자와 여자의 만남은 우연을 제외한 다른 방법으로는 설명이 불가능하다. 여러분이 태어난 것은 기적이다.

여러분의 부모님에게도 각자의 부모님이 계신다. 여러

분에게는 할아버지와 할머니 되시는 분이다. 할아버지와 할머니가 우연히 만나지 않았다면 여러분의 아버지, 어머니는 이 세상에 없었다. 물론 여러분도 태어나지 못했다.

할아버지와 할머니께도 부모님이 계셨다. 증조할아버지와 증조할머니께도 부모님이 계셨다. 그 각각의 만남이 없었어도 여러분은 태어나지 못했다. 우연한 상황이 그야말로 우연히 몇 번이고 겹친 덕에 여러분이 이 세상에 태어난 것이다. 여러분이 이 세상에 존재한다는 것은 기적이라는 말로밖에는 설명하기 어렵다.

조상에 대해 생각해 본 적이 있는가?

나라는 기적의 존재는 조상이 존재했기 때문에 여기 있는 것이다. 조상을 생각하는 행위는 현재의 자신을 생각하는 행위로 연결된다고 할 수 있다. 그리고 자신이 얼마나 소중한 존재인지도 왼쪽 그림이 보여 주는 우연의 피라미드를 떠올려보면 바로 이해할 수 있을 것이다.

그뿐만이 아니다.

인간의 조상은 한때 원숭이였다. 원숭이로부터 어떻게 인간이 태어났는지는 현재 연구 중이지만, 여러분의 조상인 원숭이에게도 아비와 어미가 있었다. 그 아비와 어미에게도 마찬가지로 아비와 어미가 있었다. 원숭이로부터 더 많은 시간을 거슬러 올라가면 인간의 조상은 작은 포유류였다.

더 올라가면 지상에 올라온 양서류였다. 다시 더 올라가면 강으로 도망쳐 온 물고기였다. 수억 년에 걸친 삶 속에서 만약 그 수컷과 암컷이 만나 자손을 남기지 않았다면 여러분은 태어나지 못했다. 수억 년에 걸친 생명의 릴레이 속에서 어느 하나만 달랐어도 여러분은 태어나지 않아 지금 이 책을 읽고 있지 못할 것이다.

이렇게 조상으로부터 물려받은 DNA가 여러분의 몸속에 있다. 그리고 그것은 줄곧 패배하면서도 자신이 설 자리를 끊임없이 찾아 헤맨 패자의 DNA라고 할 수 있다.

강하다는 것은
무엇인가

● 약 한 것 이
강 하 다

6교시에서는 이기고 지는 것에 관해 공부했다.

누구나 이기고 싶어 하지 지고 싶어 하지는 않는다. 그리고 약한 것을 싫어하고 강해지려 한다. 여러분도 아마 그럴 것이다.

자기 안의 나약함과 마주한 적이 있는가? 나약한 자신이 싫어질 때가 있는가? 그렇다면 다행이다. 어쨌든 자연계를 살펴보면 약한 생물들이 번영하기 때문이다. 약하다는 것이 성공의 조건인 것처럼 보이기도 한다.

무슨 그런 바보 같은 소리가 있느냐고 할지도 모르겠다. 다들 자연계를 약육강식의 세계라고 하니 강한 자가 살아남고 약한 자는 도태된다는 생각이 머릿속에 박혀 있을 수 있다.

하지만 아이러니하게도 자연계에서는 강한 자가 반드시 살아남는 것은 아니다. 강하다고 생각하는 생물을 말해 보라고 하면 여러분은 어떤 동물을 내세우겠는가? 백수의 왕인 사자나 맹수인 호랑이부터 떠올릴지도 모르겠다. 늑대나 북극곰도 강하다는 측면에서는 다른 동물에게 뒤지지 않는다. 몸집이 거대한 코끼리나 코뿔소도 강할 것 같다. 하늘을 나는 독수리와 콘도르도 제왕의 품격을 갖춘 듯하다.

그렇지만 이 생물들은 모두 멸종이 우려되는 생물들이다. 강해 보이는 맹수들은 약한 동물을 먹이로 삼아 생명을 유지한다. 이 맹수들이 100마리의 쥐를 잡아먹는다고 해 보자. 그 경우 쥐가 50마리로 줄어들면 맹수들은 먹이가 없어 죽고 만다. 하지만 먹잇감이었던 쥐는 50마리로 줄어도 50마리가 그대로 살 수 있다. 결국 강해 보이는 생물이 멸종 위기인 것은 약한 생물에 의지해서 살기 때문이라 할 수 있다.

● 잡 초 는 약 하 다 ?

'잡초는 강하다.'

이런 생각을 해 본 적이 있는가? 식물학 교과서에도 잡초가 강하다고 써 있지 않다. 오히려 잡초는 연약한 식물이라고 설명되어 있다.

하지만 우리 주변에서 볼 수 있는 잡초들은 아무리 봐도 강인해 보인다. 연약한 식물이라면 어째서 뽑아도 뽑아도 천지에 이리도 넘쳐난단 말인가? 연약한 식물이라면 어찌 그리 끈질긴 면모를 보일 수 있을까? 아무래도 여기에 '강하다는 것은 무엇인가?'에 관한 힌트가 숨어 있을 것 같다. 그 비밀을 알아보기로 하자.

● 숲 에 서 잡 초 가
자 라 지 않 는 이 유

잡초가 약하다는 말은 경쟁에 약하다는 뜻이다.

자연계에서는 치열한 생존 경쟁이 벌어지고, 약육강식·적자생존은 자연계의 엄격한 규칙이다. 이는 식물의 세계도 마찬가지다. 식물은 서로 빛을 차지하기 위해 경쟁하며 위를 향해 자라난다. 그 과정에서 가지와 잎을 뻗어 서로를 가린다. 만약 이 경쟁에서 지게 되면 다른 식물의 그늘에 들어가기 때문에 빛을 받지 못하고 시들어 버릴 것이다.

잡초라 불리는 식물은 바로 이런 경쟁에 약하다. 채소밭 같은 곳에서는 잡초가 채소보다 경쟁에 강한 것처럼 보일 수도 있다. 채소밭의 채소는 인간이 개량한 식물로, 인간의 도움 없이는 자랄 수 없다. 그에 비하면 뽑아도 뽑아도 다시 자라나는 잡초가 경쟁에 강할 수도 있다.

그러나 실제로는 자연계에 자라난 야생 식물과 비교하자면, 야생 식물은 생각보다 약하지 않다. 잡초의 경쟁력 따위로는 도저히 당해 낼 수 없을 정도로 강하다.

잡초는 어디서나 뿌리를 내릴 것 같지만, 알고 보면 수많은 식물이 격전을 벌이는 숲에서는 절대 자라지 못한다. 초목이 울창한 숲이라는 환경은 식물이 생존하기에 좋은 장소다. 그러나 동시에 그곳은 치열한 경쟁의 장이기도 하다. 그래서 경쟁에 약한 잡초는 깊은 숲속에서는 자랄 수 없다.

숲속에서 잡초를 보았다는 사람이 있을지도 모른다. 하지만 아마도 그곳은 인적이 닿지 않는 숲이 아니고 하이킹 코스나 캠핑장 등 인간이 숲속에 만들어 놓은 환경일 것이다. 그런 곳에는 잡초가 자랄 수 있다. 잡초도 그 정도 환경은 버틸 수 있기 때문이다.

● 강하다는 것의 의미

자연계에서는 강해야만 살아남을 수 있다고 하는데, 연약한 식물인 잡초는 곳곳에 무성하게 자라난다. 그 이유는 무엇일까?

강하다는 것은 경쟁에 강한 것만 가리키지는 않는다. 영국의 생태학자인 존 필립 그라임(John Philip Grime)은 식물이 성공하기 위해서는 세 가지 의미에서 강해야 한다고 말했다.

첫째는 경쟁에 이긴다는 의미다.

식물은 빛을 받아 광합성을 해야만 살아갈 수 있다. 식물의 경쟁은 우선 빛을 더 많이 받기 위한 다툼이다. 빠르게 성장해서 크게 자란 식물은 빛을 독점할 수 있다. 만약 빛을 독점한 식물의 그늘에 들게 되면 그늘 속 식물은 충분한 빛을 받을 수 없다. 식물 입장에서는 살아남으려면 빛 쟁탈전에서 반드시 이겨야 한다.

하지만 빛 쟁탈전에서 강한 식물이 항상 반드시 승리하는 것은 아니다. 경쟁에 강한 식물이 힘을 발휘하지 못하는 곳도 많이 있기 때문이다. 물이 없거나 지독하게 추운 환경일 경우가 그렇다. 그런 혹독한 환경을 견딜 수 있는 것이 두 번째 강하다는 의미다.

예를 들어 선인장은 물이 없는 사막에서도 시들지 않는다. 또 높은 설산에서 자라는 고산 식물은 얼음과 눈 속에서도 살아 낸다. 냉혹한 환경에 시들어 죽지 않고 견뎌 내는 식물도 강한 식물인 것이다.

세 번째는 변화를 이겨 낸다는 의미다.

어떤 위기가 닥쳐와도 차례차례 극복해 내는 식물이야

말로 강하다고 할 수 있다. 사실 잡초는 이 세 번째 의미에서 유독 강하다고 알려져 있다.

잡초는 어디에 자라는가? 일단 우리는 김매기, 밭 갈기 할 때나 문득 발밑에 밟힐 때 잡초를 인식하게 된다. 잡초가 자라는 장소는 인간에 의해 다양한 환경의 변화가 일어나는 곳이다. 그 위기를 차례로 이겨 내는 것이 잡초의 강함이다.

지구상의 식물은 앞서 설명한 세 가지 의미의 강함 중 어느 하나만 갖추는 것이 아니다. 오히려 모든 식물은 세 가지 의미에서 다 강하며, 그 균형을 살려 자신에게 필요한 전략을 짠다고 보아야 한다.

즉 식물은 경쟁에서 이겨야만 강한 것이 아니다. 똑같이 강하다고 표현하더라도 그 의미는 실로 다양하다.

강 자 가
꼭   이 기 는   것 은
아 니 다

자연계는 약육강식의 세계다. 그러나 경쟁이나 싸움에 강한 자가 반드시 이긴다고 할 수는 없는 것이 자연계의 아이러니다. 경쟁이나 싸움을 할 때는 몸집이 크면 유리하다. 하지만 실제로는 작은 쪽이 유리할 때도 많다. 덩치가 크면 일단 자기 몸을 유지해야 하고, 눈에 쉽게 띄기 때문에 늘 경쟁자의 노림수가 되어 계속 싸워야 한다. 그 반면 몸이 작으면 신속히 도망치거나 그늘에 숨을 수 있다. 크다는 것이 강하다는 의미가 될 수 있듯이, 작다는 것 또한 강하다는 의미가 될 수 있다.

또 다른 예가 있다.

지구상에서 가장 빠르게 달리는 동물은 치타다. 치타의 달리기 속도는 시속 100km를 웃돈다고 한다. 바퀴 없이 발로만 이 정도의 속도를 낸다는 것은 엄청난 위력이다. 한편 치타의 사냥감인 가젤의 달리기 속도는 시속 70km밖에 되지 않는다. 그 정도 속도로는 절대 치타를 따돌리기 어려울 것처럼 보인다. 그런데 그만큼 압도적인 속도 차이가 나는데도 불구하고 치타는 사냥에 절반 정도는 실패한다. 가젤이 시속 100km로 달리는 치타로부터 완벽하게 도망치기 때문이다.

가젤은 어떻게 속도의 불리함을 극복할 수 있을까? 치타에게 쫓기면 가젤은 능숙한 스텝으로 지그재그를 그리며 달아난다. 때로는 달리는 방향을 일순간에 바꾸기도 하는데, 이렇게 되면 고속으로 질주하는 치타는 방향을 바꾸기가 어렵다.

물론 주행 방식이 복잡해지면 가젤도 원래 가진 최고 속도를 내기는 어렵다. 그러나 일직선으로만 달린다면 치타를 당해 내지 못할 것은 뻔한 이치다. 치타가 흉내 낼 수 없는 방식으로 달려야 가젤은 비로소 치타를 이길 수 있는 것이다.

● 호모 사피엔스가
살아남고
네안데르탈인이
멸종한 이유

자연계에는 경쟁과 싸움에는 약해도 다른 힘을 발휘해서 니치를 획득하는 생물이 많이 있다. 인간도 그중 하나다. 인간은 호모 사피엔스라는 학명이 붙은 생물이다. 인류의 조상은 숲을 잃고 초원지대로 쫓겨난 원숭이 계통의 생물이었다고 한다. 육식 동물과 싸울 만한 힘도 없고, 얼룩말처럼 빨리 달리지도 못한다. 그러나 연약한 존재였던 인류는 지능을 발달시키고 도구를 만들어 다른 동물들에 대항했다. 지능을 발달시켰다는 것이 인간의 강한 면모 중 하나다. 그래서 인간은 생각하기를 그만두면 안 되는 것이다.

그런데 인간만 그런 것이 아니다. 지능을 발달시킨 생물이 우리 호모 사피엔스만은 아니라는 말이다. 인류의 진화를 거슬러 올라가면 우리 호모 사피엔스 이외에도 인류가 출현한 적이 있다. 호모 사피엔스의 경쟁자였으며 호모 네안데르탈렌시스라는 학명이 붙은 네안데르탈인이 바로 그 인류다.

네안데르탈인은 호모 사피엔스보다 몸집이 크고 다부졌다. 그뿐 아니라 호모 사피엔스보다 지능이 뛰어났던 것으로 여겨진다. 호모 사피엔스는 네안데르탈인과 비교하면 몸집이 작고 힘이 약했다. 뇌의 용량도 네안데르탈인보다 적어 지능 면에서도 뒤처졌다. 하지만 현재 살아남은 인류는 호모 사피엔스다. 우리 호모 사피엔스는 어떻게 살아남을 수 있었을까? 그리고 네안데르탈인은 어쩌다 멸종의 길을 걷게 되었을까?

호모 사피엔스는 약한 존재였다. 힘이 약했던 호모 사피엔스는 앞서 말한 상부상조, 즉 서로 돕는 능력을 발달시켰다. 그리고 부족한 능력을 서로 보완하면서 살았다. 그리하지 않으면 살아갈 수도, 살아남을 수도 없었다.

현대를 사는 우리도 남에게 도움이 되는 존재가 되었을 때 뭔가 만족스러운 기분을 느낀다. 사회적으로 큰 일이 아닐지라도 한 예로, 모르는 사람에게 길을 알려 주거나 전철이나 버스에서 자리를 양보한 뒤 고맙다는 말을 들으면 왠지 쑥스러우면서도 기분이 좋아진다. 그것이 바로 호모 사피엔스가 획득하고 살아남기 위해 발휘한 능력이었다.

반면 능력이 뛰어났던 네안데르탈인은 집단 생활을 하지 않고도 살아갈 수 있었다. 하지만 환경 변화가 일어났을 때 동료들과 서로 돕지 못했던 네안데르탈인은 그 어려움을 극복할 수 없었던 것으로 보인다.

8 교 시

—

소중한 것은
무엇인가

'잡초는 밟혀도~'

이 말은 자주 들을 수 있는 표현이다.

'잡초는 짓밟혀도'

위의 빈자리에는 어떤 말이 들어가면 좋을까?

여러분은 어쩌면 '다시 일어난다'라는 말을 떠올렸을지도 모르겠다. '밟혀도 밟혀도 다시 일어나는 존재'. 그것이 우리가 잡초에 대해 갖고 있는 이미지다.

하지만 명백히 틀린 말이다. 잡초는 밟히면 일어나지 않는다. '잡초는 짓밟혀도 일어나지 않는다'. 이것이 진짜 잡초 정신이다.

물론 한두 번 밟히는 정도라면 다시 일어날지도 모른다. 그러나 여러 번 밟히면 잡초는 일어나지 않는다. 뭔가 한심하게 느껴질 수도 있다. '잡초처럼 노력 좀 해 보려 했더니 짓밟히면 일어나지 않는다고?'라고 실망한 사람이 있을 수도 있겠다.

실망할 것 없다. 밟힌 뒤에 일어나지 않는 점이야말로 잡초의 대단한 장점이니까 말이다. 이제 잡초의 그 대단한 장점에 대해 살펴보자.

● 진짜 잡초 정신에
대하여

잡초는 밟히면 일어나지 않는다. 왜 일어나려고 하지 않는 것일까?

생각을 조금 바꿔 보자. 짓밟혔다고 해서 꼭 다시 일어나야 할 이유가 있는가? 식물에게 가장 중요한 일은 무엇인가? 꽃을 피우고 씨를 남기는 일이다. 그렇다면 밟혀도 밟혀도 다시 일어나려는 행위는 엄청난 에너지 낭비다. 그런 쓸데없는 곳에 에너지를 쏟기보다는 짓밟히더라도 꽃을 피우는 일이 더 중요하다. 밟히면서도 씨를 남기는 데 에너지를 써야 한다는 뜻이다.

그래서 잡초는 아무리 밟혀도 다시 일어나려는 쓸모없는 짓은 하지 않는다. 밟힐 수밖에 없는 장소에서 살아야 하는 잡초에게 가장 중요한 일은 다시 일어서기가 아니다. 밟히면 다시 일어나야 한다는 생각은 인간이 멋대로 정한 것일 뿐이다.

물론 줄곧 밟히기만 하는 것은 아니다. 짓밟혀서 위로

자라날 수 없어도 잡초는 절대 포기하지 않는다. 옆으로 자라거나 줄기를 짧게 만들거나 땅속뿌리를 뻗는 등의 방식으로 어떻게 해서든 꽃을 피우려 한다. 마치 위로 자라는 것 따위에는 처음부터 관심이 없었던 것처럼 말이다.

잡초는 꽃을 피우고 씨를 남겨야 한다는 중요한 임무를 잊지 않는다. 자신의 중요한 임무를 포기하지도 않는다. 그래서 이리저리 짓밟히고도 반드시 꽃을 피우고 씨를 남기는 것이다.

'밟히고 또 밟혀도 중요한 것을 잃지 않는 자세'. 그것이 진짜 잡초 정신이다.

● 성 장 을 측 정 하 는
두 가 지 방 법

식물의 성장을 측정하는 방법으로 '풀 높이'와 '풀 길이'가 있다. 둘은 아주 비슷하지만 의미하는 바는 다르다.

풀 높이는 '뿌리부터 잰 식물의 높이, 키'를 말하고, 풀 길이는 '뿌리부터 잰 식물의 전체 길이'를 말한다. '그게 그거 아닌가? 똑같네'라고 생각할 수 있지만, 그렇지 않다. 물론 위로 뻗는 식물의 경우는 풀 높이나 풀 길이가 같은 예가 있다. 하지만 밟히면서 옆으로 자라는 잡초는 어떨까? 옆으로 자라기 때문에 풀 길이는 자라더라도 위로 뻗지는 않기에 풀 높이는 0이나 마찬가지다.

사람들은 나팔꽃이 2층까지 자란 모습을 보며 기뻐하고, 키 큰 풀을 보면 제초 작업에 나설 생각을 한다. 식물의 성장을 '높이'로 측정하고 싶어 하는 것이다. 가장 쉬운 방법이기에 그렇다.

그러나 성장은 위로 똑바로 뻗는 것만 가리키는 말이 아니다. 주변의 잡초를 둘러보자. 다들 휘기도 하고 기울기도 하면서 성장한다. 위로만 곧게 자라는 잡초는 하나도 없다. 옆으로 자라고, 비스듬히 자라고, 몇 번이나 휘는 등 잡초가 자라는 방식은 제각각이다. 그런 다양하고 복잡한 성장을 측정하기는 쉽지 않다. 그래서 인간은 식물을 평가할 때 가장 쉬운 방법인 '높이'를 선택한다. 인간이 가진 자는 곧은 직선 자다. 그래서 지면에서 얼마나 높이 올라갔는지를 측정할 수밖에 없는 것이다.

'풀을 높이로 평가한다'는 말은 여러분에게 성적이나 경쟁률을 들이대는 것과 비슷하다. 물론 '높이'도 중요한 척도다. '높이'로 측정하는 방식이 반드시 틀린 것은 아니다. 성적은 나쁜 것보다 좋은 편이 당연히 좋으니 성적이 좋은 사람은 칭찬받아 마땅하다.

하지만 거기까지다. 단 하나의 자로 잰 단 하나의 결과치에 불과한 것이다. 성장을 측정하는 여러 척도 중 그저 하나에 불과하다는 사실을 알아야 한다. 그 점을 아는 것이 중요하다. 잡초의 성장이 그렇듯 '무엇이 중요한지'를 생각한다면 '높이'가 전부가 아님을 이해할 수 있다.

직선 자로 모든 성장을 측정할 수는 없다. 그리고 아마도 진정으로 중요한 것들은 자로는 측정할 수 없을 것이다.

● 치열한 경쟁 속에서
잡초의 다른 선택

사람들이 오가는 길가 틈새에 잡초가 자라는 모습을 본 적이 있을 것이다. 어떤 것은 줄기를 옆으로 뻗고 어떤 것은 크기를 키우지 않고 오그라든 모습으로 산다. 그런 잡초를 보고 있으면 때로는 불쌍하게 여겨지기도 한다. 땅바닥에 붙어서 사는 잡초가 비참하다는 사람도 있다. 하지만 잡초의 관점에서 볼 때 과연 정말 그럴까?

다른 식물들이 하늘을 향해 드높이 뻗으려는 것과 비교하면 사람들 발에 밟히는 잡초는 영 자라나지 않는 것처럼 느껴지기도 하겠다. 다른 식물은 높게, 더 높게 세로로 자라는데 늘 짓밟힐 수밖에 없는 자리에 난 잡초는 정말 세로로 자라기를 포기한 것 같다. 정말 그래도 되는 걸까?

식물이 위를 향해 뻗는 데는 이유가 있다.

앞에서도 설명했다시피 식물이 성장하려면 빛을 받아 광합성을 해야 한다. 그리고 빛을 받으려면 다른 식물보다 높은 위치에 잎이 나야 한다. 만약 다른 식물보다 키가 작으면 다른 식물의 그늘에서 광합성을 해야 한다. 광합성 하기에 유리하려면 다른 식물보다 조금이라도 높이 자라야 하는 것이다.

빛이 필요한 식물에게 자신이 얼마나 자랐는가 하는 절대적인 높이는 사실 중요하지 않다. 빛을 받는 데 중요한 것은 다른 식물보다 조금이라도 높게 자라는 상대적인 높이다. 그래서 다른 식물보다 조금이라도 높은 곳에 잎이 나도록 자꾸만 위로 뻗는다.

식물들은 이렇게 빛을 향해 치열한 경쟁을 벌인다. 그렇다면 밟히는 자리에 자라난 잡초는 그런 경쟁에 뛰어들지 않아도 괜찮은 걸까?

그렇다. 아무 문제 없다. 자꾸 밟히는 자리에서는 위로 자라 나려는 식물이 자랄 수 없다. 아무리 위로 뻗어 본들 밟혀서 꺾이기 때문이다. 그래서 풀 높이가 0인, 옆으로 자라는 잡초나 아주 작은 잡초는 다른 선택을 한다. 자기 잎을 펼치는 만큼 태양 빛을 흠뻑 받을 수 있는 길을 택하는 것이다. 그만큼 빛을 독점하는 식물은 다른 데서는 좀처럼 보기 어렵다.

단단함과 부드러움을
겸비한 잡초

밟히는 자리에서 자라는 잡초의 대표적인 예로는 질경이를 들 수 있다.

질경이는 잎이 커다랗다는 특징이 있다. 질경이 잎은 보기에는 아주 부드러울 것 같다. 그런데 잎 속에 단단한 심이 자리 잡고 있다. 그래서 질경이 잎은 아무리 짓밟혀도 좀처럼 찢기지 않는다. 부드럽기만 하면 쉽게 찢어져 버릴 테지만, 부드러움 속에 단단함이 있기에 그 부드러운 잎이 견뎌내는 것이다.

줄기는 잎과 다르다. 바깥쪽을 단단한 껍질이 뒤덮고 있고 속은 부드러운 스펀지 모양의 고갱이가 채우고 있다. 단단하기만 하면 강한 힘이 가해질 때 견디지 못하고 부러져 버릴 테고, 부드럽기만 하면 찢어져 버릴 것이다. 그런데 단단함 속에 부드러움이 있기에 그 꼿꼿한 줄기는 꺾이지 않는 유연함을 자랑한다.

옛말에 유능제강(柔能制剛)이라는 말이 있다. 유연함이

179

능히 억셈을 누른다는 뜻이다. 간혹 이를 '단단한 것[剛]보다 부드러운 것[柔]이 강하다'라는 식으로 해석하는 경우가 있는데 실은 그렇지 않다. 원래는 '부드러운 것[柔]이나 단단한 것[剛]이나 저마다 강한 면모가 있으니 그 둘을 겸비하는 것이 중요하다'라는 의미에서 생긴 말이다.

밟히는 자리에서 자라난 잡초는 대부분 단단함과 부드러움을 겸비한 구조를 지닌다. 단단하기만 하거나 부드럽기만 하면 밟히면서 살아남기 어렵다. 단단함과 부드러움을 함께 지니고, 부드러움 속에 단단한 단단함을 지니는 것. 그것이 밟히면서 사는 잡초가 강한 이유다.

한데 질경이에게는 이것 말고도 대단한 장점이 있다. 그것이 무엇인지 살펴보자.

● 질경이에게는 밟히는 것이 고통이 아니다

짓밟히며 살아가는 잡초에게 있어 밟힌다는 것이 고통

일까? 질경이의 예를 들어보자.

식물은 씨를 널리 퍼뜨린다. 민들레처럼 솜털을 이용해 날리거나 도꼬마리나 도깨비바늘처럼 다른 동물의 몸에 붙여 운반하는 등 방법은 다양하다. 질경이는 어떨까? 질경이 씨는 물에 젖으면 젤리처럼 끈적끈적한 액체가 나온다. 사람 신발이나 동물 발에 달라붙기 쉽게 하기 위해서다. 그렇게 해서 질경이 씨는 사람이나 동물의 발에 붙어 널리 퍼진다. 자동차에 깔리면 타이어에 달라붙어 이동한다.

이 점을 생각하면 질경이 입장에서는 밟힌다는 것이 견뎌야 할 일도, 극복해야 할 일도 아니다. 반드시 밟혀야 한다고 해도 좋을 정도로 밟히기를 이용하는 것이다. 길가에 난 질경이는 다들 누가 자신을 밟아 주기를 바란다고 해도 좋겠다. 그야말로 역경을 유리한 상황으로 바꾼 것이다.

여기서 한 가지 더 짚어 보고자 한다. 역경을 유리한 상황으로 바꾼다고 하면 나쁜 상황을 좋게 받아들이는 긍정적 사고 같은 것이라고 생각할지도 모르겠다. 물론 나쁜 상황을 좋게 받아들이는 것은 중요하다. 그런데 이 경우는 단순히 말로만 그치는 것이 아니다. 실제로 잡초는 더 합리적이고 더 구체적으로 나쁜 상황을 유리한 상황으로 확실하게 바꾼다.

● 진정 중요한
성장이란

밟힌 잡초는 일어나지 않는다.

밟힌 잡초는 위로도 자라지 않는다.

왜 꼭 다시 일어나야 하는가?

왜 꼭 위로 자라야 하는가?

끊임없이 밟히는 잡초를 보고 있자면 이런 깨달음을 얻게 된다. 위로 뻗는 것만 알고 살면 밟혔을 때 뚝 부러져 버린다는 것이다. 밟히면 밟히는 대로 살면 된다. 자라나는 방향은 자유다. 옆으로 자란들 무슨 문제가 있는가 말이다. 그리고 사실 자라지 않아도 된다. 위로 자랄 수 없게 되었을 때, 옆으로도 자랄 수 없게 되었을 때, 잡초는 어떻게 성장할까?

그렇다. 잡초는 아래로 자란다. 뿌리를 뻗는 것이다. 뿌리를 뻗으면 겉으로 보기에는 전혀 성장하지 않는 것처럼 보일 수도 있다. 하지만 보이지 않는 곳에서 뿌리가 성장한다. 뿌리는 식물을 지탱하고 물과 양분을 흡수하는 중요한 역할을 한다. 사람에게도 '근성'이나 '근기'라는 말을 쓰는데 '근(根)'은 바로 뿌리를 말한다. 우리 모두 뿌리가 중요하다는 것을 아는 것이다.

옛사람들은 정성 들여 물을 주고 키운 채소와 작물은 여름 가뭄에 말라죽는데 어째서 아무도 물을 주지 않는 잡초는 파릇파릇한지 궁금해했다. 물을 받고 크는 작물과 아무도 물을 주지 않는 잡초는 뿌리를 뻗는 방법이 아예 다르다. 평소 힘들 때, 견뎌야 할 때, 잡초는 잠자코 뿌리를 뻗는다. 그 뿌리가 가뭄이 왔을 때 힘을 발휘하기에 잡초는 쉬이 말라 죽지 않는다.

9 교 시

—

산다는 것은
무엇인가

● 나 무 와 풀 중
어 느 쪽 이
더 진 화 한 형 태 일 까

　우리 주변에는 아름드리 크기로 자라는 '나무'라는 식물
도 있고 길가에 작은 꽃을 피우는 '풀'이라는 식물도 있다.
식물은 이렇게 나무가 되는 목본식물과 풀이 되는 초본식
물로 나눌 수 있다. 이 목본식물과 초본식물 중 어느 쪽이
더 진화한 형태일까?

　언뜻 보기에는 줄기를 만들고 가지를 무성하게 뻗는 나
무가 더 복잡한 구조로 진화한 것 같지만, 그렇지 않다. 사
실은 풀이 더 진화한 형태다. 어째서 그럴까?

　나무는 몇십 년, 몇백 년을 산다. 오래 살면 거목으로 자
라 천 년 이상도 살 수 있다. 그러나 풀은 길어야 몇 년, 짧

으면 일 년 안에 시든다. 천 년도 넘게 살 수 있는 식물이 일부러 진화해서 수명이 짧아지는 결과를 낳았다는 말이다. 모든 생물은 죽는 것을 원하지 않는다. 조금이라도 더 살고 싶어 한다. 천 년을 살 수 있다고 하면 누구나 천 년을 살려고 할 것이다. 그런데 식물은 왜 수명이 짧은 쪽으로 진화한 것일까?

● 식물은 수명이
짧은 쪽으로 진화한다

그냥 마라톤도 아니고 장거리 마라톤을 처음부터 끝까지 혼자 뛰기는 매우 힘든 일이다. 그렇다면 도중에 산도 넘고 계곡도 건너야 하는 대륙 횡단 달리기는 어떨까? 혼자서 해내기는 고사하고 무사히 결승점에 도달하기조차 쉬운 일이 아니다.

그럼 50m 달리기는 어떨까? 혼자서도 전력으로 달릴 수 있지 않을까? 약간의 장애물이 있다고 해도 결승점이 바로 앞이니까 말이다. 어떻게든 결승점에는 도달할 수 있을 것이다.

TV 프로그램에서 올림픽에 나갈 만한 마라톤 선수와 초등학교 단거리 릴레이 선수의 대결을 본 적이 있다. 아무리 유명한 마라톤 선수라고 해도 전력 질주를 거듭하는 초등학생 릴레이 선수를 당할 수는 없다. 이런 대결에서는 초등학생이 승리하는 경우가 많다.

식물도 마찬가지다. 나무 한 그루가 천 년을 살아 내기는 쉽지 않다. 도중에 사고나 재해가 일어나면 말라 죽을 수도 있다. 그럼 수명이 일 년인 식물은 어떨까? 제대로 천수를 누릴 가능성이 크다. 그래서 식물은 수명을 줄였다. 50m만 달리고 바통을 넘기듯 차례차례 생명을 이어가는 방법을 선택한 것이다.

● 영원하기 위해

모든 이는 나이가 들어 죽음을 맞는다. 아무리 죽고 싶지 않아도 누구나 마지막에는 죽는다. 인간만 그런 것은 아니다. 동물, 식물 등 모든 생물이 결국에는 죽는다.

사람들은 자동차나 전자 제품이 오래되면 고장 나듯 나이 들면 몸도 말을 듣지 않는 게 당연하다고 여긴다. 하지만 생각해 보면 우리 몸의 세포는 늘 다시 태어나 새로워진다. 피부의 오래된 세포는 묵은 각질이 되어 떨어져 나가고 대신 새로운 세포가 태어난다. 우리 몸은 날마다 다시 태어나고 갓 만들어진 세포로 채워진다. 아기처럼 탱탱한 피부가 새로 만들어지는 것이다.

그러나 우리 몸이 영원히 아기 피부 상태로 유지될 수는 없다. 우리 몸은 나이가 들면 늙도록 프로그램이 깔려 있기 때문이다. 그리고 그 프로그램은 종국에는 죽도록 설계되어 있다.

단순한 구조의 단세포 생물은 수명이 없다. 그들은 세포를 둘로 나누어 증식하는데, 이 과정이 반복될 뿐 죽지는 않는다. 영원히 살 수 있는 것이다. 하지만 복잡하게 진화한 생물은 결국에는 죽는다.

'형상이 있는 것은 반드시 무너진다'는 말처럼 이 세상에 영원히 존재할 수 있는 것은 없다. 생물도 영원히 살아 있을 수 없다. 수천 년 동안 살다 보면 그사이에 온갖 사고나 재해를 당하기 마련이다.

환경도 변한다. 오래된 것은 새로운 시대에 맞지 않을 수 있다. 그래서 생명은 낡은 것을 부수고 새로운 것을 만드는 구조를 가지게 되었다. 즉 늙은이는 죽고 새로 태어난 아이들이 다음 세대를 사는 것이다.

부모와 자식이 아무리 닮은들 똑같은 존재는 아니다. 끊임없이 새로운 존재가 만들어진다. 그리하여 부모에서 자녀로, 자녀에서 손자, 손녀에게로 생명은 이어진다. 나이 들고 늙은 개체는 결국 죽는다. 자신의 생명은 사라져도 다음 세대가 생명을 이어간다. 생명은 영원히 이어져 나간다. 생명은 영원하기 위해 끝없이 생명을 만들어 낸다. 그리고 생명은 다음 세대에 바통을 넘겨주기 위해 주어진 구간을 달리고 또 달린다. 모든 생물은 주어진 한정된 삶을 잘 마무리 짓기 위해 온 힘을 다해 사는 것이다.

● 살고 싶어하지 않는
   생명은 없다

잡초는 다양한 지혜와 궁리로 혹독한 환경을 살아낸다. 잡초뿐만이 아니다. 모든 생물이 다양한 전략을 발달시키며 살아간다.

"잡초는 정말 대단해요. 뇌도 없는데 어떻게 그렇게 살 생각을 했을까요?"라는 질문을 받을 때가 있다. 그런데 생각하지 않고도 살 수 있다. 인간의 손에는 다섯 손가락이 있다. 손가락 다섯 개가 온갖 기능을 하는 건 우리가 생각해서 만든 결과가 아니다. 눈이 몇 개 있어야 좋을지 생각하지 않았어도 우리 눈은 두 개다. 누군가가 생각해서 만들지 않았다는 말이다.

아기는 누가 가르쳐 주지 않아도 젖을 빤다. 그러다 누군가가 격려하지 않아도 자기 발로 일어서려고 한다. 그리고 아무리 넘어져도 다시 걸으려 도전한다. 아기는 열심히 하겠다고 이를 악물지도, 피나는 노력을 하지도 않는다.

아기는 머지않아 아이가 된다. 아이는 성장해서 어른이

된다. 어른은 나이가 들면 노인이 된다. 이 같은 흐름에는 아무런 의사가 필요치 않다. 아무런 노력이 없어도 된다. 산다는 것은 그런 것이다. 살기 위해 필요한 힘은 처음부터 우리 몸에 들어 있다. 사는 데 일부러 힘을 들일 필요 없다. 사는 데는 아무 노력도 필요하지 않다는 말이다.

그런데 우리는 때때로 사는 데 지친다. 사는 것이 싫어지고 살기가 어렵다는 생각도 든다. 인간의 뇌는 우수한 기관이지만, 지나치게 생각을 많이 하는 단점이 있다. 그리고 가끔 잘못된 판단을 한다. 주위를 둘러보라. 살고 싶어 하지 않는 생물은 하나도 없다. 뇌가 틀렸을 때는 여러분 몸의 세포를 보아야 한다. 뇌가 아무리 살아갈 희망을 잃어도 우리의 머리카락은 계속 자라난다. 심장도 계속 움직이고 폐도 호흡을 멈추려 하지 않는다.

살고 싶어 하지 않는 생명은 없다.

● 하늘을 올려다보자.
고개 숙인 잡초는 없다

살아 있다는 것이 신기하다. 산다는 것은 대체 무엇일까?

우울할 때 고개를 숙이고 걷다 보면 길가의 잡초가 눈에 들어온다. 길가의 잡초는 저마다의 방식으로 자라나 있다. 위로 뻗은 것도 있고, 옆으로 뻗은 것도 있다. 작은 몸에 꽃을 피운 것도 있다.

그런 잡초들을 보다가 문득 이런 생각이 들었다. 잡초는 어디를 바라보며 살까? 자라나는 방향은 제각각이지만, 모든 잡초는 태양을 향해 잎을 펼친다. 인간은 옆을 보며 살지만, 잡초는 위를 보고 산다. 고개 숙인 잡초는 없다는 말이다.

여러분은 잡초처럼 하늘을 올려다보기 바란다. 햇빛이 쏟아지고 있다. 파란 하늘이 펼쳐져 있다. 흰 구름이 흘러간다. 잡초들이 바라보는 풍경도 그럴 것이다. 해를 올려다보았을 때 저 아래 발바닥에서 무언가 솟구치는 힘이 느껴지는가? 아마도 그것이 바로 잡초들이 느끼는 '사는 힘'일지 모른다.

주위를 둘러보자. 수많은 벌레가, 수많은 새가, 그리고 수많은 미생물이 그렇게 살아가고 있다. 산다는 것은 그저 그런 것이다. 지금을 살고, 주어진 지금을 소중히 여기며 살아야 한다. 생물들은 '지금을 산다'. 그리고 그 연속이다.

'왜 사는지 모르겠다'든지 '무엇을 위해 살아야 하는지 모르겠다'는 생물은 하나도 없다. 또 '사는 데 지쳤다'든지 '죽고 싶다'는 생물도 없다. 주어진 시간을 있는 힘껏 소중히 여기며 사는 것, 그리고 생명의 바통을 다음 세대에 넘기고 죽는 것. 그것이 생물이 '산다'는 것이다. 그저 그것뿐이다.

모든 생물이 그렇게 산다. 산다는 것은 단순하다. 산다는 의미가 어디 그것뿐이겠는가라는 생각을 할지도 모른다. '살다 보면 더 기쁜 일, 즐거운 일도 있지 않은가, 사는 보람도 있지 않은가?' 하는 생각이 들 수도 있다. 그런 일이 있다면 그것이야말로 무척 행복한 일이다. 작더라도 살면서 그런 의미를 찾았다면 그건 아주 대단한 일이다.

● 맺음말

천상천하 유아독존(天上天下 唯我獨尊)이라는 말이 있다.

만화나 예능프로에 자주 등장해 무슨 뜻인지는 정확히 몰라도 대강 뜻을 짐작하거나 멋진 말일 거라고 생각하는 사람들이 있을 것 같다. 그런데 이는 불교의 가르침이다. 부처님은 태어나자마자 일곱 걸음을 걷고 나서 이 말을 읊었다고 전해진다.

'내가 제일 귀하다'라는 뜻으로 알고 있는 사람도 있지만, 진짜 의미는 그렇지 않다. '드넓은 우주 안에서 우리는 누구나 하나뿐인 존귀한 존재다'라는 의미다. 즉 우리의 개성이 중요하다고 말한 것이다.

나는 잡초를 연구하는 사람이다. 잡초는 제각각 다르기에 강하다. 그런 잡초의 힘을 아는 사람으로서 필자는 늘

학생들이 '자신의 개성을 강점으로 삼고, 개성을 키울 것'을 바랐다.

하지만 학생들을 지도할 때는 그들이 제각각 따로 놀아도 곤란하다. 각자의 개성이 중요하다고 생각하면서도 어느 정도는 비슷한 모습이기를 원하기도 했다. 개성적이라는 면에서 비슷하면 좋겠다고 생각했다는 말이다.

내가 개성을 주목하게 된 것은 한 중학교를 방문하면서부터다. 그 학교는 여러 이유로 학교에 갈 수 없는 아이들이 모인 곳이었다.

아무것도 몰랐던 나는 학교 공부를 따라가지 못하거나 친구들과의 소통에 문제가 있는 학생들이 그 학교를 다닐 거라고 마음대로 상상하고 있었다.

그런데 수업하는 동안 깜짝 놀라지 않을 수 없었다. 그곳 아이들은 어느 누구보다 깊게 생각할 줄 아는 아이들이었다. 그들은 사고가 유연했고, 적극적으로 교사와 소통할 줄 알았으며, 긍정적인 호기심을 가지고 있었다. 어디서 뛰어난 아이들만 따로 모아 놓은 것이 아닌지 궁금할 정도였다.

그 후 이런 아이들이 적응하지 못하고 삐져 나오는 사

회, 이런 아이들이 설 자리가 없다고 하는 사회는 어떤 사회인지에 대해 깊이 생각하게 되었다. 마치 그 아이들은 물 속을 자유롭게 헤엄쳐 다닐 수 있는데도 강제로 물 밖으로 내몰려 격리된 것처럼 보였다. 나는 물 밖에서 괴롭게 퍼덕거리는 물고기의 모습을 본 것이다.

대화를 나누다가 한 아이가 내게 말했다.

"개성은 만들거나 키우는 게 아니죠. 개성은 그냥 드러나니까요."

나는 개성이 무엇인가라는 질문에 아직도 충분한 답을 찾지 못했다. 개성을 중요하게 여기면서도 관리자 입장이 되면 아이들이 어느 정도 비슷하기를 바라니까 말이다.

그러나 분명한 사실은 모든 생물은 개성을 지니고 있고, 개성 있는 존재로 진화해 왔다는 점이다. 따라서 개성은 소중하지 않을 수 없고, 의미가 없을 수 없다. 그렇게 개성을 잃지 않는 아웃사이더, 그들이 진화를 만들어 왔다.

잡초학자의 아웃사이더 인생 수업

1판 1쇄 발행 2024년 5월 3일
1판 2쇄 발행 2024년 6월 23일

지은이 이나가키 히데히로
옮긴이 정문주

발행인 김기중
주간 신선영
편집 백수연, 민성원
마케팅 김신정, 김보미
경영지원 홍운선

펴낸곳 도서출판 더숲
주소 서울시 마포구 동교로 43-1 (04018)
전화 02-3141-8301
팩스 02-3141-8303
이메일 info@theforestbook.co.kr
페이스북 @forestbookwithu
인스타그램 @theforest_book
출판신고 2009년 3월 30일 제2009-000062호

ISBN 979-11-92444-92-5 (03470)